自然科学新启发丛书

zirankexuexinqifa

主　编　姚宝骏　郭启祥

本册主编　左志凤

鬼斧神工

guifu shengong

Oil　Oil

百花洲文艺出版社
BAIHUAZHOU LITERATURE AND ART PRESS

致同学们

亲爱的同学们：

你吃过无籽西瓜、见过不同寻常的转基因食品吗？你知道"试管婴儿"又是怎么一回事吗？现在，通过"克隆"技术可以复制出一个一模一样的你，这些神奇的现象都与生物技术分不开。

如今，我们的生活水平越来越高，生活也越来越便利，生物技术产品已经涉及我们生活的方方面面，人类的衣、食、住、行都与现代生物技术密切相关。抗虫棉的培育成功，让棉农不再为害虫而烦恼；杂交水稻使得粮食增产，让中国乃至全世界人们受益；利用基因工程使胰岛素工业化生产给糖尿病患者带来了福音……

然而，生物技术就像一把双刃剑，它既可以造福人类，也可以在使用不当时给人类带来灾难。现在，我们的生活因生物技术带来的产品变得更加丰富精彩的同时，也引起了越来越多的问题，例如转基因安全性，克隆引起伦理方面的问题。

这本书一共分为七章，前五章介绍了生物技术与食品、能源、医药以及农林业的关系，第六章介绍了生物技术带来的一些安全和伦理方面的问题，第七章则介绍了生物给人类的启示。处处留心皆学问，看似平凡的大自然现象，却有无穷的奥秘等待着我们去发现、去探索。

"没有做不到，只有想不到"，在生物技术的世界里，可以按照人们的设想去改造生物，天生热爱科学并充满好奇心的牛牛将带你一起走进通向"神话世界"的生物技术。

同学们，快快打开书本，和牛牛一起进入这个"神话世界"吧！

你们的同学：牛牛

目录
mulu

第一章　改变生活的生物技术

随着科学技术的发展，生物技术产品已经涉及我们生活的方方面面，使我们的世界丰富多彩。越来越多"神奇"的产品进入了寻

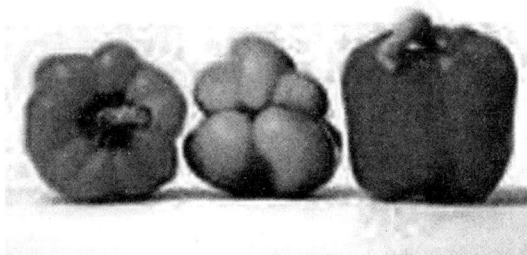

转基因甜椒

常百姓家，转基因食品、抗虫棉、无籽西瓜等等。"没有做不到，只有想不到"，我们梦想着有一天种的水稻，长得像高粱一样高，稻穗像扫把那么长，颗粒像花生米那么大……生物技术将使这一切不可能变为可能。

在本章的内容里，天生热爱科学并充满好奇心的牛牛将带你一起走进通向"神话世界"的生物技术，快快打开书本，和牛牛一起进入这个"神话世界"吧！

牛牛大讲堂

通向"神话世界"的生物技术

牛牛陪妈妈一起去超市买菜，被眼前奇怪的辣椒惊呆了，因为它比平常见过的大许多，不仅有绿色、红色，而且有黄色的呢！好奇的牛牛拿在手中仔细观察，经超市工作的阿姨介绍才知道原来这些是转基因甜椒。

同学们，你在平常生活中是不是也见过这类"奇怪"的转基因食品呢，它们究竟是怎样"造"出来的？这就是我们接下来要了解的现代生物技术了。

转基因食品

生物科技与我们日常生活息息相关，被广泛运用于食品、医药、农业及工业，未来甚至可能进入更多的领域并深深地影响着我们的生活。科学界预言，21世纪是一个基因工程世纪。

基因工程技术通俗地讲，就是按照人们的主观意愿，把一种生物的个别基因复制出来，加以修饰改造，然后放到另一种生物的细胞里，定向地改造生物的性状。运用基因工

程技术，不但可以培养优质、高产、抗性好的农作物及畜、禽新品种，还可以培养出具有特殊用途的动、植物。

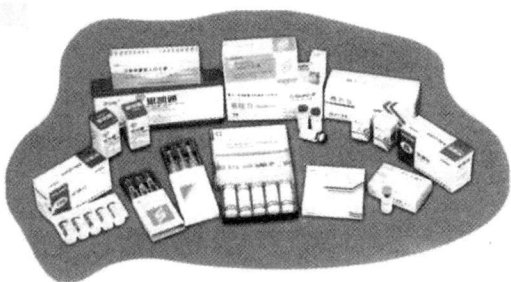

我国生产的部分基因工程药物和疫苗

　　科学家运用转基因的方法，即运用基因工程技术，在物种中加入其他物种的基因，目前已经获得了许多转基因食品。例如转基因甜椒、转基因西红柿、转基因玉米、转基因大豆等等。

　　除转基因食品外，利用基因工程技术还生产了许多基因工程药品，例如基因工程胰岛素、基因工程干扰素和其他基因工程药物。

　　许多药品的生产是从生物组织中提取的。由于材料来源有限，以致药品的产量有限，其价格往往十分昂贵。微生物生长迅速，容易控制，适于大规模工业化生产。若将生物合成相应药物成分的基因导入微生物细胞内，让它们产生相应的药物，不但能解决产量问题，还能大大降低生产成本。

　　另外基因工程还可用于环境污染治理方面。基因工程做成的"超级细菌"能吞食和分解多种污染环境的物质。

通常一种细菌只能分解石油中的一种烃类，用基因工程培育成功的"超级细菌"却能分解石油中的多种烃类化合物。有的还能吞食转化汞、镉等重金属，分解DDT等毒害物质。

通过以上的学习，牛牛终于明白了，原来通过基因工程可以按照人们的主观意愿"为所欲为"，使我们生活的世界多姿多彩。可以肯定，随着基因工程的不断发展，基因工程必将对人类的生产、生活乃至生存发展产生积极而深远的影响。

科学界预言，21世纪是一个基因工程世纪，基因工程的发展将会给人类社会带来巨大的变化。

太空72变

同学们，你们见过重300公斤的南瓜吗？吃过长的像鸡蛋的茄子吗？它们是怎么生产出来的呢？我们知道平常情况下是不会长出这么奇特的东西，现在就让我们来看看太空72变的神奇魔力吧。

太空育种即航天育种，也称空间诱变育种，是将作物种子或诱变材料搭乘返回式卫星或高空气球送到太空，利用太空特殊的环境诱变作用，使种子产生变异，再返回地面培育作物新品种的育种新技术。

1987年8月5日，我国第9颗返回式科学试验卫星发射

成功，将一批农作物种子送向遥远太空，由此揭开了航天育种的序幕。

作为神舟飞船的神秘乘客之一，农作物种子在从"神一"到"神七"飞船的搭载物名单中，从来没有缺席过。"辐射"、"基因突变"这些术语给航天育种蒙上了一层神秘面纱。

太空育种主要是通过强辐射、微重力和高真空等太空综合环境因素诱发植物种子的基因变异。由于亿万年来地球植物的形态、生理和进化始终深受地球重力的影响，一旦进入失重状态，同时受到其他物理辐射的作用，将更有可能产生在地面上难以获得的基因变异。

经历过太空遨游的农作物种子，返回地面种植后，

太空南瓜重300公斤

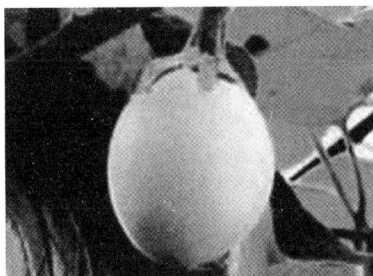
长得像鸡蛋的茄子

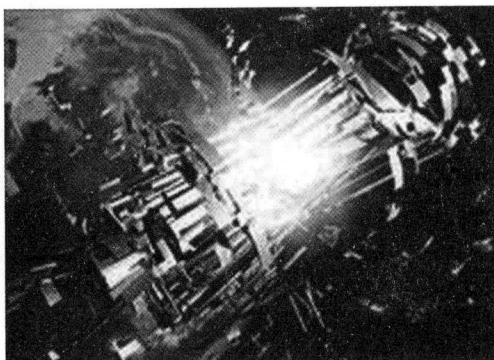
太空育种试验

不仅植株明显增高增粗，果型增大，产量比原来普遍增长而且品质也大为提高。

"航天育种是让选好的种子在太空进行基因诱变。"太空具有在地球上难以模拟的、独特的微重力、强辐射、高能粒子、高真空、大温差等环境，它变化因素多，有很强的不可控性。航天育种就是利用太空特殊环境诱导植物性状变异，培育性状优良的新品种。由于太空因素变化多，相较于地面辐射育种，航空育种变异谱宽、变异概率高，"地面诱变可能只有5个类型，而在太空可能有10个"；航天育种周期短，一般植物种子产生自然变异可能需要几十年甚至上百年，而航天育种通过太空多种特殊条件的诱变，能缩短至4-5年。

经过多年精心培育，出自"太空种子"的农产品正慢慢走进人们的生活。太空椒的果实比在陆地上培育的果实要大得多，口味、重量和外形也发生了变化。

太空椒是用曾经遨游过太空的青椒种子培育而成的。据专家介绍，经历过太空遨游的辣椒种子，大多数

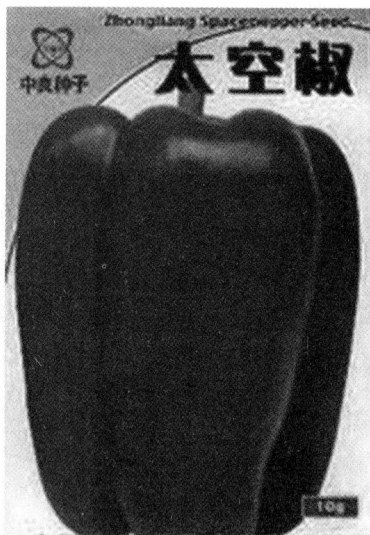

太空椒

都发生了遗传性基因突变，返回地面种植后，不仅植株明显增高增粗、果型增大了，产量也比原来普遍增长了20%以上，而且品质大为提高，作物肌体也更加强健，对病虫害的抗逆性比较强。

太空番茄长势尤为喜人，株高茎粗，果穗增多，比常规番茄增产15%以上，最高可增产23.3%。太空玉米能结出6~7个"棒子"，可长出5种颜色，而且味道也比普通玉米好。

太空搭载的鸡冠花、麦秆菊、蜀葵、矮牵牛等，都表现出开花多、花色变异、花期长等特点。尤其是粉色的矮牵牛，花朵中出现了红白相间的条纹。更令人惊奇的是万寿菊的花期

太空育种的西红柿

太空育种的牡丹

竟延长到6个月以上。游过太空的大蒜能长到近半斤重，太空萝卜的幼苗让害虫敬而远之，本来无法杂交的籼稻和粳稻自从周游过太空后也能杂交了。

太空食品和普通食品没有什么区别，是很安全的食品。关于太空食品安全性的问题，专家普遍认为，太空育种并没有将外源基因导入作物中使之产生变异。太空育种本质上只是加速了生物界需要几百年甚至上千年才能产生的自然变异。太空中宇宙射线的辐射较强，这是植物发生基因变异的重要条件。

转基因作物是将外源基因导入植物体内而培育出的新品种，如转基因大豆是将非大豆植物甚至动物、微生物的基因导入而产生的变异。而太空育种则是让作物的种子自身发生变异，没有外源基因的导入。我国颁布的有关转基因安全管理规定中特别排除了对自身通过突变产生的新物种的管理，这也说明太空育种是非常安全的，不用担心其产品的安全性。

太空育种的效益和成果吸引了美国、俄罗斯、保加利亚、菲律宾等国家，他们都希望与我国合作。上天"修炼"回到"尘世"的太空种子，具有十分广阔的市场，必将洒播广袤的大地，生产出更多更好的太空食品，给人类带来无限的福音！

无籽西瓜是怎么来的？

炎热的夏天到了，牛牛的妈妈高兴地抱着一个大西瓜回家，跟牛牛说："看，妈妈给你买什么好吃的了？"牛牛看了一眼，答道："西瓜啊"，"哈哈，你只答对了一半，这可是无籽西瓜哦。"妈妈说。

无籽西瓜

西瓜是大家很熟悉和喜爱的水果之一，西瓜甘甜多汁，清爽解渴，是盛夏的佳果，既能祛暑热烦渴，又有很好的利尿作用，因此有"天然的白虎汤"之称。但

传统的普通西瓜

传统的西瓜都有黑色的籽在西瓜瓤中间，吃起来很不方便，而现在采用新技术种植的西瓜解决了这一不足之处。同学们，相信你们也和牛牛一样吃过无籽西瓜吧，那么你知道无籽西瓜是怎么来的吗？

三倍体无籽西瓜的培育原理是采用人工诱导多倍体的

方法。如用秋水仙素（一种植物碱）处理二倍体西瓜的种子或幼苗，使其在细胞分裂的中期，阻碍纺锤丝和初生壁的生成，使已经复制的染色体组不能分向两极，并在中间形成次生壁，结果就形成了染色体组加倍的细胞，使普通二倍体西瓜染色体组加倍而得到四倍体西瓜植株。然后与二倍体西瓜植株（作为父本）杂交，从而得到三倍体种子。三倍体种子发育成的三倍体植株，由于减数过程中，同源染色体的联会紊乱，不能形成正常的生殖细胞。再用普通西瓜二倍体的成熟花粉刺激三倍体植株花的子房而成为三倍体果实，因其胚珠不能发育成种子，因而称为三倍体无籽西瓜。

无籽西瓜以其含糖量高、口感好、食用方便及不会给小孩造成籽粒误入气管的危险等优点一直深受人们的喜爱。

想一想

除了无籽西瓜外，你还知道哪些无籽果实？

牛牛奇见闻

亲子鉴定——这是我亲生的吗？

牛牛说，我和爸妈长得很像，所以我是父母亲生的。那如果自己和父母长的不像的话，怎么确定是否为父母亲生

呢？同学们，你们有没有怀疑过自己不是爸妈亲生的呢？电视剧《寻秦记》中滴血认亲的一幕给观众留下深刻的印象，相信很多同学听说过或在电视上看到过滴血认亲的故事。

亲子鉴定

父子、母子、兄弟姐妹之间的长相、肤色等一般都会有某些相似的地方，通过外貌长相的对比来确定亲子关系恐怕是最原始的方法，但这种方法只是一种猜测、判断，只能作为一种参考。亲子鉴定在中国古代就已有之，如滴骨验亲、滴血验亲

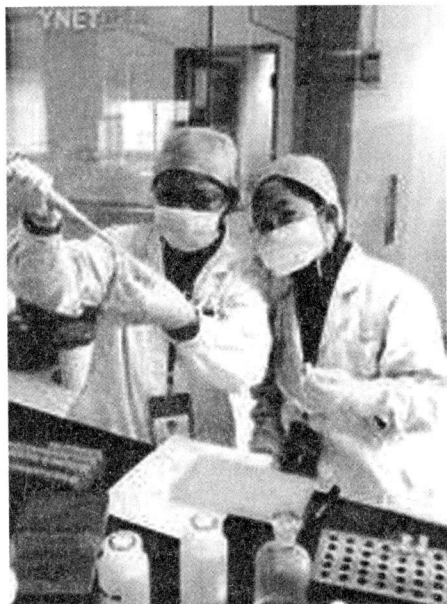

利用DNA做亲子鉴定

等。古代讲的滴血认亲，就是小孩的血跟大人的血如能够溶在一块，就是父母亲生的，否则就不是。进入现代社会后，我们知道其实这种方法没有任何科学依据。

当人们怀疑子女不是自己亲生的，当失散的家庭成员（空难、海啸等遇难者）身份无法辨认……这时就需要亲子鉴定。

亲子鉴定就是利用医学、生物学和遗传学的理论和技术，从子代和亲代的形态构造或生理机能方面的相似特点，分析遗传特征，判断父母与子女之间是否是亲生关系。

人的血液、毛发、唾液、口腔细胞及骨头等都可以用于亲子鉴定，十分方便。鉴定亲子关系目前用得最多的是DNA分子鉴定。利用DNA进行亲子鉴定，只要对十几至几十个DNA位点作检测，如果全部一样，就可以确定亲子关系；如果有3个以上的位点不同，则可排除亲子关系；有一两个位点不同，则应考虑基因突变的可能，加做一些位点的检测进行辨别。DNA亲子鉴定，否定亲子关系的准确率几近100%，肯定亲子关系的准确率可达到99.99%。

现代科技的进步可以服务于人类，让人们的生活变得更加便利，但是如果运用不当的话，会造成许多严重的社会问题。亲子鉴定技术同样如此，我们需要正确对待，试想一下如果父母或是子女总是不信任对方，动不动就去做亲子鉴定，那将会是多混乱的状况啊！

近几年，亲子鉴定这种证明父母与子女血缘关系的技术手段越来越为人所熟知，也越来越普及。到血液中心要求做亲子鉴定的市民日渐增多，鉴定人数大约以每年20%的速度增长，而最终的检查结果显示，九成以上的孩子都是亲生。

亲子鉴定是柄双刃剑，从科技发展的角度看，应该持肯定的态度。古代时是滴血认亲，很显然这非常不科学。那么，与其暗中猜疑妻子不忠，不如依靠现代技术把事情弄得水落石出，消除夫妻双方的误会。从这个角度来说，亲子鉴定对婚姻关系的稳定起到了一定的积极作用。

"但亲子鉴定的普及也会带来一些副作用，来做亲子鉴定的人连年攀升，也是对正常生活的一种颠覆。它的普及是家庭关系不稳定的一个写照，同时是夫妻信任度降低的体现。"

长人耳的老鼠

所谓"老鼠过街，人人喊打"，老鼠大家应该都见过，但是身上长出人耳朵的老鼠，你见过吗？老鼠背上长人耳朵？怎么听都有一种科幻的感觉，也许你会和牛牛一样觉得太不可思议了吧，是的，聪明的科学家已经"制造"出了背上长人耳朵的老鼠。

1995年，科学家让一只老鼠长出了人的耳朵。他们在一个可生物降解的人耳形状的模子表面接种上人的软骨组织细胞，然后将模子移植到裸鼠

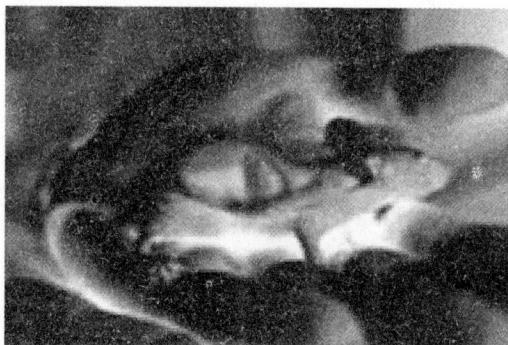

背上长人耳的老鼠

身上。人软骨组织细胞从小鼠的血液中得到营养，不断生长并填满模子，最终造出了一个"耳朵"。科学家们希望将来能够用这种技术设计出能够用于替换的人的器官或组织。

随着科学家对老鼠的研究不断深入，在意大利的威尼斯，科学家开始实施一项耗资高达1亿英镑的欧盟计划——喂养数百万只用于转基因的老鼠。这一计划的目标是在老鼠身上复制出人类所有的主要疾病，包括糖尿病、心脏病、癌症和精神病等。科学家希望通过这一工程，挖掘出这些疾病的基因和环境根源，研究制造药物的新方法和治疗方法。人类和老鼠拥有共同的祖先，老鼠和人类在7000万年前曾经拥有同一个祖先，但从那以后，我们人类就开始朝着一个不同的方向进化了。老鼠在今天药物研究的使用中起着至关重要的作用，美国波士顿大学的科学家甚至在一只老鼠的背上种出了一只人耳朵来，而且对这只老鼠没有不利影响。听着有些复杂，但是我们只要知道这项技术的突破在于能让老鼠长出人耳朵，能让人体外组织再生成为可能就够了。而且这项技术是主要应用于整形外科，用于人耳外耳的整形治疗。

这一研究的目的是发展一种技术，让医生再造人的鼻子和耳朵。可以预料，随着"欧洲老鼠"工程的全面展开，科学家将在貌不惊人的老鼠身上挖掘更多的潜力。

克隆羊"多莉"

这个世界上会不会有个和自己一模一样的人呢？很多人会想到双胞胎，其实即使是双胞胎也会有或大或小的差异。那么除了双胞胎看上去相似之外，还有没有别的方法呢？有，这就是神奇的克隆技术。

关于克隆的设想，我国明代的大作家吴承恩已有过精彩的描述，孙悟空经常在紧要关头拔一把猴毛变出一大群猴子，猴毛变猴就是克隆

孙悟空拔猴毛变出一群猴子

猴。现在，克隆技术已经使这一带有神话色彩的设想成为现实。克隆技术不需要雌雄交配，不需要精子和卵子的结合，只需从动物身上提取一个单细胞，用人工的方法将其培养成胚胎，再将胚胎植入雌性动物体内，就可孕育出新的个体。这种以单细胞培养出来的克隆动物，具有与单细胞供体完全相同的特征，是单细胞供体的"复制品"。同学们，这听起来似乎很神奇，快跟随牛牛一起来了解克隆究竟是怎么一回事吧！

1996年7月5日，一只名叫"多莉"的小羊羔在苏格兰首府爱丁堡以南几英里的一个小山村诞生了，单从外表看，它与周围农场里每个夏天出生的、成千上万只绵羊没什么不同。但

克隆羊多莉

"多莉"的确与众不同，它由一只成年母羊的单一乳房细胞克隆而来，这在生物学上曾被视为不可能，因此它一下就成为全世界最著名的小羊羔。"多莉"产生的具体过程如下：

首先，从一只6岁芬兰多塞特白面母绵羊（姑且称为A）的乳腺中取出乳腺细胞，将其放入低浓度的营养培养

液中，细胞逐渐停止分裂，此细胞称之为"供体细胞"；

然后从一头苏格兰黑面母绵羊（B）的卵巢中取出未受精的卵细胞，并立即将细胞核除去，留下一个无核的卵细胞，此细胞称之为"受体细胞"；

用电脉冲方法，使供体细胞和受体细胞融合，最后形成"融合细胞"。电脉冲可以产生类似于自然受精过程中的一系列反应，使融合细胞也能像受精卵一样进行细胞分裂、分化，从而形成"胚胎细胞"；

最后，将胚胎细胞转移到另一只苏格兰黑面母绵羊（C）的子宫内，胚胎细胞进一步分化和发育，最后形成小绵羊——多莉。

换言之，多莉有3个母亲：它的"基因母亲"是芬兰多塞特白面母绵羊（A）；科学家取这头绵羊的乳腺细胞，将其细胞核移植到第二个母亲（借卵母亲）——剔除细胞核的苏格兰黑脸羊（B）的卵子中，使之融合、分裂、发育成胚胎；然后移植到第三头羊（C）——"代孕母亲"子

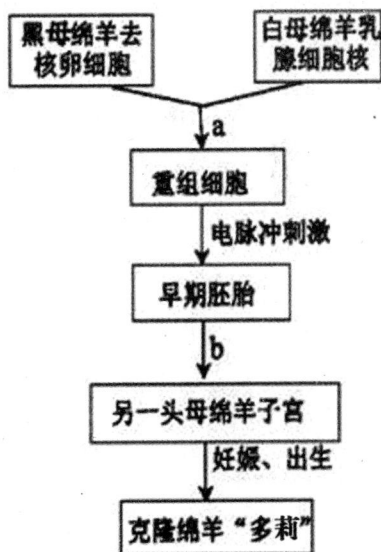

"多莉"产生过程示意图

宫内发育形成多莉。

　　"多莉"没有父亲，它是通过无性繁殖或者说克隆而来。多莉继承了提供体细胞的那只绵羊（A）的遗传特征，它是一只白脸羊，而不是黑脸羊。它们就像是一对隔了6年的双胞胎。

　　克隆羊多莉是世界上第一只用已经分化的成熟的体细胞（乳腺细胞）克隆出的羊。这项研究不仅对胚胎学、发育遗传学、医学有重大意义，而且也有巨大的经济潜力。克隆

克隆羊"多莉"

技术可以用于器官移植，造福人类；也可以通过这项技术改良物种，给畜牧业带来好处。克隆技术若与转基因技术相结合，可大批量"复制"含有可产生药物原料的转基因动物，从而使克隆技术更好地为人类服务。继多莉出现后，克隆，这个以前只在科学研究领域出现的术语变得广为人知。克隆猪、克隆猴、克隆牛……纷纷问世，似乎一夜之间，克隆时代已来到人们眼前。

　　在理论上，利用同样方法，克隆技术可以用来生产"克隆人"，可以用来"复制"人，因而引起了全世界的

广泛关注。对人类来说，克隆技术是悲是喜，是祸是福？如果克隆技术被用于"复制"像希特勒之类的战争狂人，那会给人类社会带来什么呢？即使是用于"复制"普通的人，也会带来一系列的伦理道德问题。如果把克隆技术应用于畜牧业生产，将会使优良牲畜品种的培育与繁殖发生根本性的变革。若将克隆技术用于基因治疗的研究，就极有可能攻克那些危及人类生命健康的癌症、艾滋病等顽疾。克隆技术犹如原子能技术，是一把双刃剑，剑柄掌握在人类手中。人类应该采取联合行动，避免"克隆人"的出现，使克隆技术造福于人类社会。

"试管婴儿"是怎样产生的？

人类通过繁衍产生后代，使生命得以延续。然而，我们身边有少数这样的夫妇，这些育龄夫妇很想要孩子，但是由于身体的原因一直不能如愿，结果造成许多悲剧，使原本幸福的家庭破裂。随着生物科学和医学研究的发展，对于这样的夫妇来说，终于有补救措施了——他们可以寄希望于

试管婴儿

试管婴儿技术，生育可爱的宝宝。那么"试管婴儿"是怎样产生的，他与正常的婴儿有什么区别吗？

"试管婴儿"一诞生就引起了世界科学界的轰动，甚至被称为人类生殖技术的一大创举，也为治疗不孕不育症开辟了新的途径。"试管婴儿"是让精子和卵子在试管中结合而成为受精卵，然后再把它（在体外受精的新的小生命）送回女方的子宫里（胚卵移植术），让其在子宫腔里发育成熟，与正常受孕妇女一样，怀孕到足月，正常分娩出婴儿。"试管婴儿"是伴随体外受精技术的发展而来的，最初

世界上第一个试管婴儿路易丝·布朗

是由英国产科医生帕特里克·斯特普托和生理学家罗伯特·爱德华兹合作研究成功的。这一技术的产生给那些可以产生正常精子、卵子但由于某些原因却无法生育的夫妇带来了福音，现在这一技术的应用已在我国一些地方开展。

1944年，美国人洛克和门金首次进行这方面的尝试。世界上第一个试管婴儿路易丝·布朗于1978年7月25日23时

47分在英国的奥尔德姆市医院诞生，此后该项研究发展极为迅速，到1981年已扩展到10多个国家。

现在世界各地的试管婴儿总数已达数千名。我国已有几所医学院开始这项研究，1985年北京医学院已首获成功。

试管婴儿

"试管婴儿"并不是真正在试管里长大的婴儿，而是从卵巢内取出几个卵子，在实验室里让它们与男方的精子结合，形成胚胎，然后转移胚胎到子宫内，使之在妈妈的子宫内着床、妊娠。正常的受孕需要精子和卵子在输卵管相遇，二者结合，形成受精卵，然后受精卵再回到子宫腔，继续妊娠。所以"试管婴儿"可以简单地理解成由实验室的试管代替了输卵管的功能而称为"试管婴儿"。那么"试管婴儿"与自然受精的普通婴儿将来长大后有什么差别吗？

澳大利亚研究人员对837名通过试管混合法产下的婴儿、301名通过精子注射法产下的婴儿与4000名普通婴儿进行对比发现，试管婴儿患有先天性缺陷的比例比普通婴儿

高，而且，试管婴儿往往没有自然受精的婴儿聪明，患心理疾病尤其是自闭症的可能性也较大。但是，目前并没有研究表明这种情况到底是由父母的不孕基因导致，还是由于试管婴儿技术本来的缺陷。

探秘DNA

解开DNA的秘密

你听说过"世界上没有完全相同的两片叶子"这句话吗？是的，世界上也不存在完全相

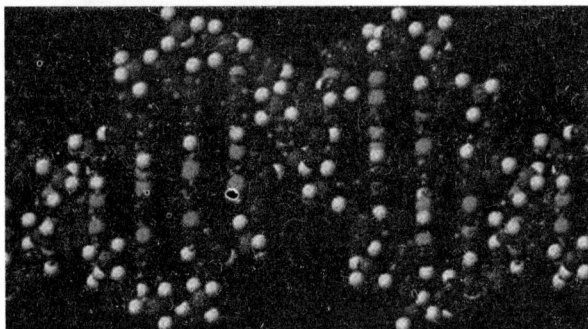

DNA双螺旋结构模型

同的人，即使是双胞胎也有细微的区别。同学们，你知道这是为什么吗？这与DNA有关，接下来让我们一起解开DNA的秘密。

脱氧核糖核酸（缩写为DNA）是一种分子，可组成遗传指令，引导生物发育与生命机能运作，主要功能是长期性的遗传信息储存，可比喻为"蓝图"或"食谱"。

1953年，沃森和克里克提出了DNA的双螺旋结构模型，开启了分子生物学时代，使遗传学的研究深入到分子层次，"生命之谜"被打开，人们清楚地了解遗传学信息的构成和传递的途径。

当发现遗传物质就是DNA后，人们还是想知道，这个DNA是怎么样的一种东西，它又是通过什么具体的办法把生命的那么多信息传递给新的接班人的呢？

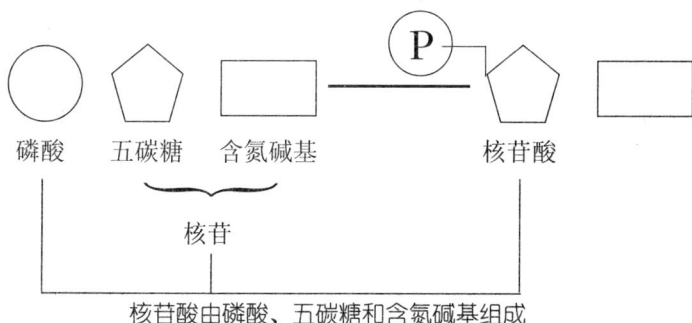

磷酸　五碳糖　含氮碱基　　　　核苷酸

核苷

核苷酸由磷酸、五碳糖和含氮碱基组成

首先人们想知道DNA是由什么组成的，人类总是爱这样刨根问底。结果有一个叫莱文的科学家通过研究，发现DNA是由四种更小的东西组成，这四种东西统称为核苷酸，就像四个兄弟一样，它们都姓核苷酸，但名字却有所不同，分别是腺嘌呤（A）脱氧核糖核苷酸、鸟嘌呤（G）脱氧核糖核苷酸、胞嘧啶（C）脱氧核糖核苷酸和胸腺嘧啶（T）脱氧核糖核苷酸。科学家们一开始以为DNA只是由四种核苷酸随便聚在一起的、而且它们相互的连接没有什么规律，但后来发现核苷酸其实不一样，而且它们相互

组合的方式也千变万化，大有奥秘。

生物的遗传物质存在于所有的细胞中，这种物质叫脱氧核糖核酸。核酸由核苷酸聚合而成。每个核苷酸又由磷酸、核糖（或脱氧核糖）和碱基构成。碱基有五种，分别为腺嘌呤（A）、鸟嘌呤（G）、胞嘧啶（C）、胸腺嘧啶（T）和尿嘧啶（U）。每个核苷酸只含有这五种碱基中的一种。

单个的脱氧核糖核苷酸连成一条链，两条核苷酸链按一定的顺序排列，然后再扭成"麻花"样，就构成了脱氧核糖核酸（DNA）的分子结构。在这个结构中，每三个碱基可以组成一个遗传的"密码"，而一个DNA上的碱基多达几百万，所以每个DNA分子就是一个大大的遗传密码本，里面所藏的遗传信息多得数不清。这种DNA分子就存在于细胞核中的染色体上，它们会随着细胞分裂传递遗传密码。

DNA探针的应用

水是生命之源，饮水安全对人和动植物关系重大。因此对饮用水、环境水源乃至各级污水中污染病毒的检测，对于预防控制疾病、评估水源卫生质量和环境卫生状况等是一项有价值的工作。目前利用DNA探针检测水中病毒已经应用于生产实践中，它的原理是什么呢，让我们一起来

学习吧!

　　ＤＮＡ探针是最常用的分子片段，指长度在几百碱基对以上的双链DNA或单链DNA分子片段。现已获得的DNA探针数量

饮用水

很多，有细菌、病毒、原虫、真菌、动物和人类细胞DNA探针。

　　DNA探针可以用来诊断寄生虫病、现场调查及虫种鉴定，可用于病毒性肝炎的诊断、遗传性疾病的诊断，可用于检测饮用水中的病毒含量。

　　DNA探针检测饮用水病毒含量的具体方法：用一个特定的DNA片段制成探针，与被测的病毒DNA杂交，从而把病毒检测出来。与传统方法相比具有快速、灵敏的特点。传统的检测一次，需几天或几个星期的时间，精确度不高，而用DNA探针只需一天。据报道，DNA探针能从1t水中检测出 10个病毒来，精确度大大提高。

DNA指纹技术

　　每个人的手指纹不一样，根据手指纹的不同，可以找出和指纹相对应的人。但是如果带了手套的话就没有指纹

了，这让罪犯作案有机可乘。但是现代的DNA指纹解决了这一问题，那么DNA指纹是什么呢？

手指纹

DNA指纹指具有完全个体特异的DNA多态性，其个体识别能力足以与手指指纹相媲美，因而得名。这种图纹极少有两个人完全相同，故称为"DNA指纹"。

1985年Jefferys博士首先将DNA指纹技术应用于法医鉴定。1989年该技术获美国国会批准作为正式法庭物证手段。我国警方利用DNA指纹技术已侦破了数千例疑难案件。DNA指纹技术具有许多传统法医检查方法不具备的优点，如它从四年前的精斑、血迹样品中，仍能提取出DNA来作分析。此外千年古尸的鉴定、在俄国革命时期被处决的沙皇尼古拉的遗骸鉴定，以及最近在前南地区的一次意外事故中机毁人亡的已故美国商务部长布朗及其随行人员的遗骸鉴定，都采用了DNA指纹技术。

不仅如此，DNA指纹技术在人类医学中被用于个体鉴别、确定亲缘关系、医学诊断及寻找与疾病连锁的遗传标

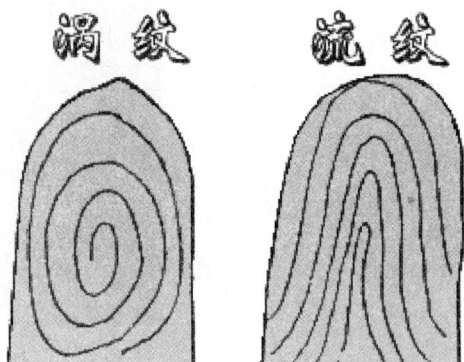

记；在动物进化学中可用于探明动物种群的起源及进化过程；在物种分类中，可用于区分不同物种，也有区分同一物种不同品系的潜力。

DNA指纹技术，是英国莱斯特大学教授杰弗里斯于1985年发明的。由于它可以解决法医技术领域同一认定的问题，因此引起了世界各国警察、司法部门的极大重视。目前，英、美、德、日、意等比较先进的国家对DNA的研究已达到了相当高的水平，"并已将其应用到许多实际案例中，其准确无误的鉴定结果证明，它大大地提高了生物物证应有的价值"。因此，它被称为"90年代打击犯罪的利器"。

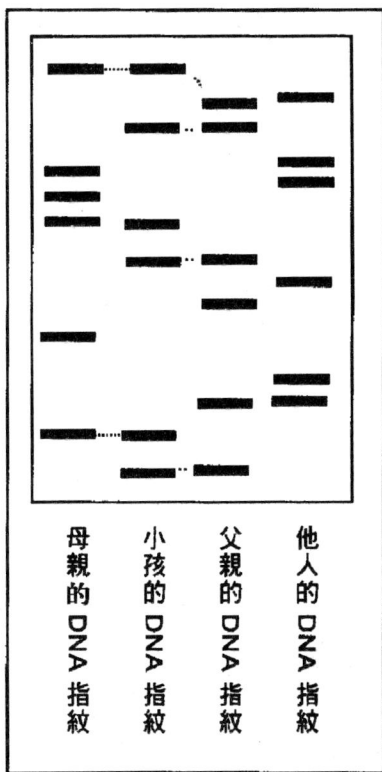

母亲的DNA指纹　小孩的DNA指纹　父亲的DNA指纹　他人的DNA指纹

利用DNA指纹技术确定亲缘关系

现在罪犯的作案手法日益隐蔽和狡猾，这就给侦破工作带来了很大困难。但魔高一尺、道高一丈，因为DNA指纹分析技术十分正确可靠。警方利用此技术，就能从罪犯在

作案现场留下的极细微的血迹、精液、唾沫、头发甚至皮屑破译出他的DNA指纹密码，并以此为线索挖出隐藏在深处的罪犯。

每个人身上都拥有一套独一无二的遗传密码，这些密码记录着人体成长的所有信息，除了极少数外，几乎人身上的每一个细胞都含有这套完整的遗传密码。这些密码存在于细胞里的细胞核内，其中23对染色体就是用来储存这些密码的，而这些密码就是由DNA分子所组成。正因为科学家们从人身体携带的遗传密码DNA中成功地证明了其与手纹同样具有"人各不同"的特定性，才共同将DNA运用于"DNA指纹"。DNA指纹不仅具有取代手指指纹作个体鉴别依据的潜力，而且在打击犯罪方面，也具有更大的优越性。由于DNA指纹转换成数字储存在电脑中比指纹的储存更为方便，可大量地节省记忆的空间，增加储存量，缩短查寻比对时间。因此，如果能用电脑来处理DNA指纹档案，即使是对毫无线索的刑事案件，只要在犯罪现场找到凶手所遗留的任何生物物证，而鉴定其DNA指纹，即可迅速地在电脑档案中找出罪犯，对目前警方制止和打击犯罪的能力将大大地提高。况且，手指可能因受伤或被砍断而失去指纹，但DNA指纹却存在于身上每一个角落，就是飞机爆炸仅剩下人身上的一块肉，或是杀人焚尸只剩下一块白骨，DNA指纹仍然存在。

　　DNA指纹鉴定应用在刑事鉴定工作上，已成为本世纪不可抗拒的趋势，在不久的将来，全民的DNA指纹的建档将成为现实。可能的做法是：在婴儿降生之时，即将脐带上的血斑送到警察局分析指纹，并马上转换成一组数字，提供户籍单位记录成为身份证号码，并予建档，永远保存在刑事实验室的电脑档案中，作为日后与犯罪现场采取物证的指纹比对所用。

第二章　带来美食的生物技术

俗话说："民以食为天"，现在通过生物技术已经使我们餐桌上的食物变得更加丰富多彩。不知不觉中转基因食品已经走进了我们的生活，超市中的水果琳琅满目，不仅种类比以前多，而且又大又好吃，或许你手上拿的玉米、正在吃的西红柿就是通过转基因生产出来的……

不过，到目前为止，转基因技术仍然处于起步阶段，同时许多人坚持认为，这种技术培育出来的食物是"不自然的"。在本章的内容里，将会呈现出许多色、香、味俱全的美食，喜爱享受美食的你们赶快与牛牛一起大饱眼福吧！

牛牛大讲堂

"不自然"的转基因食品

商店琳琅满目的食品、街上各种各样的水果、小吃……对于美食，大家都一定和牛牛一样很感兴趣吧。现在通过生物技术生产出了一些你以前可能没见过的"人造"食品，它们就是"不自然"的转基因食品。如今，不知不觉中转基因食品已经走进了我们的生活。那么，什么是转基因食品呢？它们与普通的食品又有什么区别呢？

为了提高农产品营养价值，更快、更高效地生产食品，科学家们应用转基因的方法，改变生物的遗传信息，拼组新基因，使许多的农作物具有高营养、耐

转基因小麦

贮藏、抗病虫和抗除草剂的能力，不断生产新的转基因食品。

转基因食品，是利用现代生物技术改造了的农产品，其具体做法是：将某些生物的基因转移到其他物种中去，改造生物的遗传物质，使其在形状、营养品质、消费品质

等方面向人们所需要的目标转变。转基因食品包括转基因植物食品、转基因动物食品和转基因微生物食品。中国农业部已经批准种植的转基因农作物有：甜椒、西红柿、土豆，主粮作物有玉米、水稻。

植物性转基因食品很多。例如，面包生产需要高蛋白质含量的小麦，而目前的小麦品种含蛋白质较低，将高效表达的蛋白基因转入小麦，会使做成的面包具有更好的焙烤性能。

番茄是一种营养丰富、经济价值很高的果蔬，但它不耐贮藏。为了解决番茄这类果实的贮藏问题，研究者发现，控制植物衰老激素乙烯合成的酶基因，是导致植物衰老的重要基因，如果能够利用基因工程的方法抑制这个基因的表达，那么衰老

转基因番茄

激素乙烯的生物合成就会得到控制，番茄也就不会容易变软和腐烂了。美国、中国等国家的多位科学家经过努力，已培育出了这样的番茄新品种。这种番茄抗衰老、抗软化、耐贮藏、能长途运输、可减少加工生产及运输中的浪费。

动物性转基因食品也有很多种类。比如，牛体内转入了人的基因，牛长大后产生的牛乳中含有基因药物，提取后可用于人类病症的治疗。在猪的基因组中转入人的生长素基因，猪的生长速度增加了一倍，猪肉质量大大提高，现在这样的猪肉已在澳大利亚被请上了餐桌。

微生物是转基因最常用的转化材料，所以，转基因微生物比较容易培育，应用也最广泛。例如，生产奶酪的凝乳酶，以往只能从杀死的小牛的胃中才能取出，现在利用转基因微生物已能够使凝乳酶在体外大量产生，避免了小牛的无辜死亡，也降低了生产成本。

中华珍品——真菌

在我国古代，人们很早就发现了真菌食品的许多妙用，大型真菌作为药物在我国已有悠久的历史，其药用价值至今仍不断有所发现和发展。大型真菌是真菌的一种，由于其菌体较大而得名。我们通常所熟知的灵芝、冬虫夏草、银耳、灰树花、香菇等都属于大型真菌。

香菇

首先来介绍一下，被称为"山珍之王"的香菇。香菇是大家很熟悉的一种食物，牛牛最爱吃妈妈做的香菇炖鸡了，不仅味道鲜美而且营养价值很高。

我国一位营养学家曾形象地告诫：

吃"四条腿"（猪、牛、羊）的，不如吃"两条腿"（鸡、鸭、鹅）的；吃"两条腿"的，不如吃"一条腿"（指香菇、银耳、灵芝等食用真菌）的。这话颇有道理，提倡食用菌类，其出发点主要是为了改善人们的饮食结构，增进身体健康。

香菇是世界第二大食用菌，也是我国特产之一。它是一种生长在木材上的真菌，味道鲜美，香气沁人，营养丰富，素有"植物皇后"美誉。香菇富含维生素B群、铁、钾、维生素D原（经日晒后转成维生素D），味甘，性平，主治食欲减退、少气乏力。

香菇是高蛋白、低脂肪的营养保健食品。我国历代医学家对香菇均有著名论述。随着现代医学和营养学不断深入研究，香菇的药用价值也不断被发掘。香菇中麦角甾醇含量很高，对防治佝偻病有效；香菇多糖（$\beta-1,3-$葡聚糖），能增强细胞免疫能力，从而抑制癌细胞的生长；香菇含有六大酶类的40多种酶，可以纠正人体酶缺乏症；香菇中脂肪所含的脂肪酸，对人体降低血脂有益。

冬虫夏草，很多同学可能没见过，但是肯定听过吧，

接下来牛牛就带你一起了解这神奇的冬虫夏草。

大自然中我们常接触到的生物，要么是动物，要么是植物，不可能一会儿是动物，一会儿又变成植物。但是偏偏就有这样一种生物，它有时候像动物，有时候又像植物。它是什么呢？

它就是神奇的名贵药用食用真菌——冬虫夏草，亦称虫草、冬虫草。"冬天是虫，夏天是草，冬虫夏草是个宝"。

那么，冬虫夏草长在何处呢？它只生长在我国川、青、甘、藏等地海拔3600～5200米高山草甸中。每当盛夏，虫草菌进入蝙蝠蛾幼虫体，寄生在昆虫（幼虫蛹）体上，萌发菌丝。受真菌感染的蝙蝠蛾幼虫逐渐蠕动到距地表2～3厘米处，于秋冬死去，为冬虫；来年春末夏

冬虫夏草

初，虫子头部或近中部长出真菌子实体，破土而出，其形态很像植物中的"草"，谓夏草，通称冬虫夏草。简单概括为麦角科植物冬虫夏草菌的子囊座及其寄生蝙蝠蛾的幼

虫尸体的结合体。

在传统中医学领域，冬虫夏草与人参、鹿茸并称为三大补药。祖国医学认为，冬虫夏草味甘性温，具有补虚损、强精气、益肾保肺、止血化痰的功效，适用于肺结核咳嗽、咯血、虚喘、盗汗等患者。冬虫夏草不仅为三大补品之一，还有其独到特色：一年四季，皆可服用，安全可靠，温和持久，适合各种人群，对中老年人、体弱多病者尤为明显。现代科学研究发现，冬虫夏草含有三种独特的成分。即虫草多糖：是一种国际公认的免疫调节剂，具有明显提高免疫力和抗癌的作用，可增强人体对多种病菌、病毒及寄生虫的抵抗力，并具有抗癌活性，能对肿瘤起抑制作用。虫草酸：能改善人体微循环系统，促进毛细血管的扩张及软化，具有明显的降血脂作用，还具有镇咳、祛痰、平喘的功效。虫草素：能抑制癌细胞的生长，也有滋肺补肾，促进骨髓造血等功能。

发酵虫草菌粉

随着社会的发展，人们消费水平的提高，健康、长寿已经成为衡量人们生活水平的标准之一。运用生物工程技术培养大型真菌作为保健、免疫滋补食品已经被人们所接受。

"冬天是虫，夏天是草，冬虫夏草是个宝"，冬虫夏

草简称虫草。因其药用价值高，功效好，在国内外被视为珍品，市场需求量大，但因其天然资源量稀少，故价格十分昂贵。因此对普通消费者来说很难获得。可喜的是，现在通过生物发酵，可以获得冬虫夏草的代用品——发酵虫草菌粉。

生物工程的大型真菌是指从天然大型真菌子实体中分离筛选出纯的菌丝体，采用生物工程的方法，在特定的条件下进行生物工程发酵生产。大量研究证明，无论其成分或生物活性，食用菌的菌丝体都可以成为食品加工或制药工业的原料，有些菌丝体还具有子实体不可取代的作用。

虫草花学名虫草菌丝体，又名蛹虫草，虫草花就是在培养基里人工培育出的蛹虫草。"虫草花"并非花，它是人工培养的虫草子实体，属于一种真菌类。与常见的香菇、平菇等食用菌很相似，只是菌种、生长环境和生长条件不同。

发酵虫草菌粉是虫草花菌种经液体发酵培养所得菌丝体的干燥粉末。

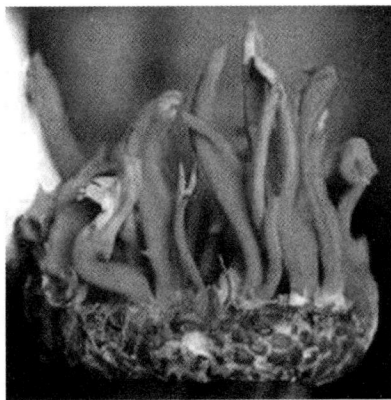

虫草花

虫草花含有丰富的蛋白质、氨基酸以及虫草素、甘露醇、多糖类等成分，其

中虫草酸和虫草素能够综合调理人的机体内的环境，增强体内巨噬细胞的功能，对增强和调节人体免疫功能、提高人体抗病能力有一定的作用。发酵虫草菌粉有补肺肾，益精气的作用。

发酵虫草菌粉

还适用于肺肾两虚引起的咳嗽、气喘、咯血、腰背酸痛等病及慢性支气管炎的辅助治疗。

虫草花的菌种来源于蛹虫草，它们存在着许多相似之处。有些地方把蛹虫草作为冬虫夏草的代用品使用。测定结果显示，人工培植的蛹虫草子实体，虫草素、虫草酸、虫草多糖以及氨基酸、维生素、微量元素等成分与冬虫夏草、蛹虫草的含量相似。虫草花也与它们有许多相似的地方。

冬虫夏草是中华瑰宝，它冬

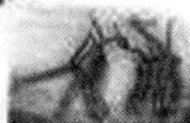

利用发酵虫草菌粉制成的胶囊

天是虫，夏天是草，也就是野生虫草。冬虫夏草的效果比虫草花要好，但是冬虫夏草的价钱在几万元一斤，虫草花只要几百元一斤。相同重量的虫草花和冬虫夏草相比，冬虫夏草效果要好；相同价钱的虫草花和冬虫夏草，虫草花的效果要好得多。

牛牛趣味集

饭菜隔夜怎么馊了？

炎炎盛夏，环境里的细菌病毒蠢蠢欲动，等待你的一时疏忽，就会下手令你生病。我们都有这种经验，夏天的时候天气炎热，隔夜的饭菜很容易变馊。有的发霉结块，有的腐败发臭，有的腐烂变酸，有的发馊变味。是什么原因引起饭菜馊掉的？我们应该怎么防止这种情况出现呢？

> **小知识链接**
> 微生物是一切肉眼看不见或看不清的微小生物的总称，包括细菌、病毒、霉菌、酵母菌等。

早在1870年左右，巴斯德就指出了腐败和发酵的原因，就是细菌。至今牛奶的消毒仍在使用巴斯德创造的巴

氏消毒法。巴氏灭菌法，亦称低温消毒法，冷杀菌法，是一种利用较低的温度既可杀死病菌又能保持物品中营养物质风味不变的消毒法。

引起食物变质的主要原因是微生物作祟。环境中无处不存在微生物，食物在生产、加工、运输、储存、销售过程中，极易被微生物污染。只要温度适宜，微生物就能生长繁殖，分解食物中的营养素，以满足自身需要。此时食物中的蛋白质被分解成分子量极小的物质，最终被分解成肽类、有机酸。此时物质会发出氨臭味及酸味，食物也失去了原有的坚韧性及弹性，并使颜色异常。

天热，食物不放冰箱冷藏的话，细菌很快就会大量繁殖，使食物变馊，这其实也就是一个发酵的过程。夏天是细菌快速繁殖的季节，大多数细菌繁殖的速度为每20～30min分裂一

隔夜剩菜

次。因为高温促使细菌的繁殖速度加快，食物不像冬天那样经久耐放，保质期也明显缩短。许多食品暴露在高温下，外观也许还能保持新鲜诱人，但质量和味道都已经发生了变化。所以为了保持食物的新鲜和质量，我们会把食

物放进冰箱，原理很简单，冰箱里的温度低，使得细菌繁殖速度减慢，从而能让食物保存较长的时间。

因此，防止或减缓煮熟的食物变馊的原理就是让细菌繁殖速度减慢，如存放食物前消毒（将细菌杀死）再密封、低温存放等。

动动脑

同学们，你知道为什么罐头食品可以在很长时间内不变质腐败吗？

提示：因为封盖前高温灭菌，封盖后罐内没有细菌。

小妙招

夏天的时候天气很热，隔夜的饭菜很容易变馊，小丽家没有电冰箱，你可以利用蒸发吸热的原理来设计一个"土冰箱"，防止食物变馊。

在一个大罐子里装上少许水，再把饭菜装到一个密封容器里，放入大罐子，再把水加满，就可以了。

大豆根瘤菌，开氮肥厂啦！

有经验的人都知道，大豆不用施氮肥。这是因为它不需要氮肥吗？还是别的原因呢？

大豆，中国古称菽，是一种种子含有丰富的蛋白质的豆科植物。大豆最常用来做各种豆制品、压豆油、炼酱油和提炼蛋白质。在中国，日本和朝鲜，豆腐已经吃了几千年了。大豆加工之后，也可以成为酱油或腐乳。

根瘤菌可以吸收空气中的氮气将其转化为氮肥供大豆吸收，所以种大豆不用施氮肥。在根瘤内，根瘤菌从豆科植物根的皮层细胞中吸取碳水化合物、矿质盐类及水分，以进行生长和繁殖；同时它们又把空气中游离的氮通过固氮作用固定下来，转变为植物所能利用的含氮化合物，供植物生活所需。这样，根瘤菌与根便构成了互相依赖的共生关系。

大豆

小知识链接

根瘤菌是能与豆科植物共生形成根瘤，并将空气中的氮还原成氨供植物营养的一类革兰氏阴性菌。

虽然空气成分中约有80%的氮，但一般植物无法直接利用；花生、大豆、苜蓿等豆科植物，通过与根瘤菌的共生固氮作用，才可以把空气中的分子态氮转变为植物可以利用的氨态氮。

在种子生根发芽后，根瘤菌从根毛入侵根部，在一定条件下，形成具有固氮能力的根瘤，在固氮酶的作用下，根瘤中的类菌体将分子态氮转化为氨态氮，某种程度上，每个根瘤就是一座微型氮肥厂，源源不断地把氮输送给植株利用。

豆科作物周围的土著根瘤菌数量很少，难以满足作物生长的需要。世界上的豆科作物都需要人工接种根瘤菌剂，根瘤菌剂给农作物生产的氮肥不会有环境污染，不需长途运输，使用过程中没有氮流失，而人工施用化学氮肥流失率往往大于50%。当豆科作物萌发并长出根毛后，根瘤菌受根毛分泌的凝集素的刺激和吸引，大量聚集在根际和根表上。根毛与根瘤菌接触后，首先是细胞壁变软，发生根毛卷曲，然后是细胞壁内陷，根瘤菌随之侵入根毛，直至根的皮层，根瘤菌在皮层大量繁殖并转变为类菌体，此时根部皮层大量增

大豆根瘤

生，形成瘤状组织，最后突出根部形成根瘤；当有效根瘤的剖面呈粉红色时，说明根瘤进入成熟阶段，开始固氮，并向植株提供氮素。

由于根瘤菌在生活过程中分泌一些有机氮到土壤中，加之，根瘤在植物的生长末期会自行脱落，从而大大提高了土壤的肥力。据估测，一亩苜蓿年均可积累40斤氮肥，相当于200斤硫铵，并可增加土壤中的腐殖质。由于有些土壤中没有与豆科植物共生的根瘤菌，同时不同豆科植物需要与不同类型的根瘤菌共生，因此在农业上采取拌种的方法即在播种豆科植物时，将其与根瘤菌制剂搅拌，以便给豆科作物形成根瘤创造条件。据调查，采用该方法播种，可使大豆、花生增产10%以上。

自然界中，除豆科植物外，还有非豆科的几十个属100多种植物能形成根瘤，并能固氮。目前对非豆科植物的根瘤研究引起了很大的重视，潜力很大。

发酵美食天下

使人"长寿"的酸奶

酸奶是以新鲜的牛奶为原料，经过巴氏杀菌后再向牛奶中添加有益菌（发酵剂），经发酵后，再冷却包装的一种牛奶制品。酸奶是一种半流体的发酵乳制品，因其含有

乳酸成分而带有柔和酸味，它可帮助人体更好地消化吸收奶中的营养成分。酸奶不但保留了牛奶的所有优点，而且某些方面经加工过程后还扬长避短，成为更加适合于人类的营养保健品。

早在公元前3000多年以前，居住在土耳其高原的古代游牧民族就已经制作和饮用酸奶了。最初的酸奶可能起源于偶然的机会。那时羊奶存放时经常会变质，这是由于细菌污染了羊奶所致，但是有一次空气中的酵母菌偶尔进入羊奶中，使羊奶发生了变化，变得更为酸甜适口了。这就是最早的酸奶。牧人发现这种酸奶很好喝。为了能继续得到酸奶，便把它接种到煮开后冷却的新鲜羊奶中，经过一段时间的培养发酵，便获得了新的酸奶。

科学研究表明：经常喝酸奶有助于使人长寿。酸奶是用新鲜牛奶制成的，将新鲜牛奶加入乳酸菌进行发酵，牛奶中的酪蛋白和酸发生作用，即凝固成豆腐脑那样的乳白色凝块。和新鲜牛奶相比，酸奶不但具有新鲜牛奶的全部营养成分，而且还比新鲜牛奶增加了下列营养特点：

1. 增强消化能力，促进食欲。鲜牛奶中的乳糖被乳酸

菌转变成乳酸，乳酸能刺激人的消化腺分泌消化液，增加胃酸，因而能增强人的消化能力，促进食欲。

2. 产生抗菌物质，起保健作用。酸奶中的乳酸不但能使肠道里的弱碱性物质转变成弱酸性物质，而且还能产生抗菌物质，抑制肠道中腐败菌的繁殖和活动，从而减少肠道内的有害物质，对人具有保健作用。

3. 使蛋白质和钙更容易消化吸收。酸奶中的蛋白质能结成细微的乳块，和新鲜牛奶相比，更容易被消化吸收。乳酸和钙结合生成乳酸钙，也比新鲜牛奶的钙更容易消化吸收。

4. 使维生素C含量增加。新鲜牛奶含有少量的维生素C，喝牛奶时加温常把这少量的维生素C也破坏掉。制酸奶时，某些乳酸菌能合成维生素C，使维生素C含量增加。

5. 能降低胆固醇。酸奶中的胆碱含量较高，喝酸奶后，胆碱具有降低人血液中胆固醇含量的作用。

另外，据有人研究认为，经常喝酸奶还有防癌作用。

由于酸奶具有以上特点，再加上酸奶本身的气味清香、酸甜可口，人们十分喜欢食用，因此被誉为"长寿食品"。

目前市场上一些生产者把"含乳饮料"打着"酸牛奶"的旗号销售，故意混淆这两种原本不同的产品概念。一些含乳饮料厂家开始在产品名称上大打"擦边球"，在

产品包装上用大号字标出"酸奶"、"酸牛奶"、"优酸乳"等含义模糊的产品名称，只有细看才能发现旁边还另有几个关键的小字——"乳饮料"、"饮料"、"饮品"。

"酸牛奶"和"含乳饮料"是两个不同的概念。在配料上"酸牛奶"是用纯牛奶发酵制成的，属纯牛奶范畴，其蛋白质含量≥2.9%，其中调味酸牛奶蛋白质含量≥2.3%。而含乳饮料只含1/3鲜牛奶，配以水、甜味剂、果味剂，所以蛋白质含量只有不到1%，其营养价值和酸奶不可同日而语，根本不能用来代替牛奶或酸奶。

小知识链接

乳酸菌

乳酸菌指发酵糖类主要产物为乳酸的一类无芽孢、革兰氏染色阳性细菌的总称。凡是能从葡萄糖或乳糖的发酵过程中产生乳酸的细菌统称为乳酸菌。

乳酸菌是一种存在于人类体内的益生菌，乳酸菌能够将碳水化合物发酵成乳酸，因而得名。益生菌能够帮助消化，有助人体肠脏的健康，因此常被视为健康食品，添加在酸奶之内。

目前国际上公认的乳酸菌，被认为是最安全的菌种，也是最具代表性的肠内益生菌，人体肠道内以乳

酸菌为代表的益生菌数量越多越好。这也完全符合诺贝尔得奖者生物学家梅契尼柯夫"长寿学说"里所得出的结论：乳酸菌=益生菌=长寿菌。

动手试一试

简便的酸奶制作方法

将牛奶烧开，倒入洗净不带油渍的容器内，待牛奶放至温热时，将一小盒原味酸奶倒入搅匀，盖上容器盖，夏天放置八小时左右就做成了。酸奶做成后放入冰箱冷藏室内，吃起来口感更好，同时酸奶也不至于越变越酸。

色、香、味俱全的面包

通常，我们提到面包，大都会想到欧美面包或日式的夹馅面包、甜面包等。所谓面包，就是以黑麦、小麦等粮食作物为基本原料，先磨成粉，再加水、盐、酵母等和面并制成面团坯料，经过发

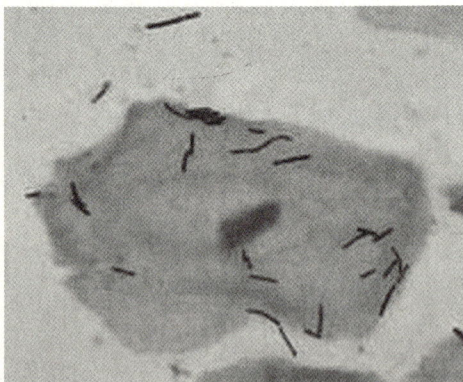

酵、整型、成型、焙烤、冷却等过程加工而成的焙烤食品。

传说公元前2600年左右，有一个为主人用水和上面粉做饼的埃及奴隶，一天晚上，饼还没有烤好他就睡着了，炉子也灭了。

夜里，生面饼开始发酵，膨大了。等到这个奴隶一觉醒来时，生面饼已经比昨晚大了一倍。他连忙把面饼塞回炉子里去，他想这样就不会有人知道他活还没干完就大大咧咧睡着了。面包烤好了，奴隶和主人都发现那东西比他们过去常吃的扁薄煎饼好吃多了，它又松又软。也许是生面饼里的面粉、水或甜味剂（或许就是蜂蜜）暴露在空气里产生的野生酵母菌或细菌，经过了一段时间的温暖后，酵母菌生长并传遍了整个面饼。埃及人继续用酵母菌实验，成了世界上第一代职业面包师。

有经验的人都知道，制作面包或包子馒头的时候，要在面粉中加入酵母粉一起将面粉和均匀。而

面包

且，加入酵母粉的量很关键。因此，先让我们来了解一下酵母吧。

切片面包

酵母是人类利用比较早的，也是应用最为广泛的微生物，人们经常利用它的发酵作用制造各种发面食品和酿酒。常用的食用酵母菌有啤酒酵母、葡萄酒酵母、面包酵母和酱油酵母等。

酵母粉富含维生素B群，素食者常缺乏的B_1、B_2、B_{12}，在酵母粉中皆可提供。酵母菌加入面团内，在25～30度温度条件下，酵母便可利用面团中存在的蔗糖、葡萄糖、果糖以及由面团本身的淀粉酶催化水解而成的麦芽糖进行生长，将一部分糖分解成二氧化碳和酒精，使面团立即膨胀发起，最后在馒头等食品中形成大量空泡，即使之疏松暄软又具有香气。

面团的膨胀发酵主要是利用酵母在生命活动过程中产生的二氧化碳和其他物质，同时发生一系列复杂的变化，使面团蓬松富有弹性，并赋予包子、面包特有的色、香、味。

酵母不同于化学物质，它有自己的生命现象，是一种典型的兼性厌氧型真菌，在有氧气和没有氧气存在的条件下都能够存活。在面团发酵初期，面团中的氧气和其他养分供应充足，酵母的生命活动非常旺盛，这个时候，酵母在进行着有氧呼吸作用，能够迅速将面团中的

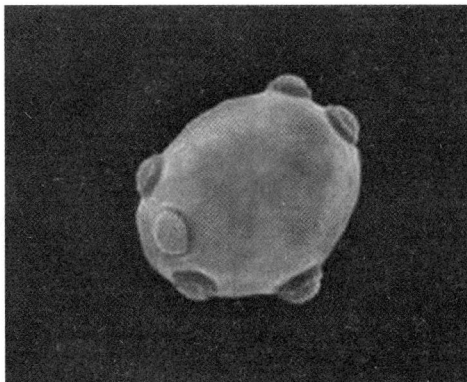

面包酵母

糖类物质分解成二氧化碳和水，并释放出一定的能量（热能）。在面团发酵的过程中，面团有升温的现象，就是由酵母在面团中有氧发酵产生的热能导致的。随着酵母呼吸作用的进行，面团中的氧气逐渐减少，而二氧化碳的量逐渐增多，这时酵母由有氧呼吸逐渐转为无氧呼吸，也就是酒精发酵，同时伴随着少量的二氧化碳产生。所以说，二氧化碳是面团膨胀所需气体的主要成分。

　　面包酵母是一种单细胞微生物，含蛋白质50%左右，氨基酸含量高，富含B族维生素，还有丰富的酶系和多种经济价值很高的生理活性物质。几千年前人类就用面包酵母发酵面包及酿造酒类，在现代食品工业方面，酵母被广泛用作人类主食面包、馒头、包子、饼干糕点等食品的优良发酵剂和营养剂。

你知道吗？

同学们，你知道我们经常吃的馒头、包子也是由面粉发酵而来的吗？

包子馒头

可口的啤酒

啤酒是人类最古老的酒精饮料，是继水和茶之后，在世界上消耗量排名第三的饮料。啤酒于二十世纪初传入中国，属外来酒种，根据英语Beer译成中文"啤"，称其为"啤酒"，沿用至今。

啤酒是以大麦芽、酒花和水为主要原料，经酵母发酵作用酿制而成的饱含二氧化碳的低酒精度酒。现在国际上的啤酒大部分均添加了辅助原料。

啤酒生产过程分为麦芽制造、麦芽汁制造、前发酵、后发酵、过滤灭菌、包装等几道工序。

第一步是麦芽制造：大麦（也正在试验用小麦）浸渍吸水后，在适宜的温度和湿度下发芽，发芽到一定程度，就要中止发芽，经过干燥，制成水分含量较低的麦芽。

第二步进行发酵：麦芽汁经过冷却后，加入酵母菌，输送到发酵罐中，开始发酵。传统工艺

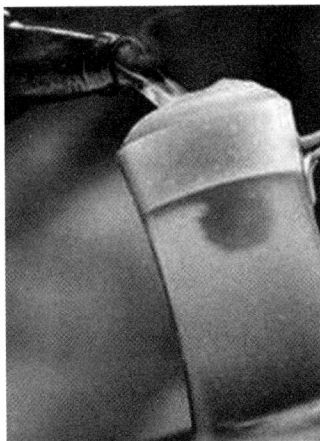

啤酒

分为前发酵和后发酵，分别在不同的发酵罐中进行，现在流行的做法是在一个罐内进行前发酵和后发酵。前发酵主要是利用酵母菌将麦芽汁中的麦芽糖转变成酒精，后发酵主要是产生一些风味物质，排除掉啤酒中的异味，并促进啤酒的成熟，这一期间，要保持一定的罐内压力，使后发酵时产生的二氧化碳保留在啤酒中。

最后是过滤灭菌和包装：经过两个星期左右的发酵（有些啤酒发酵期可能长达几个月），将啤酒进行过滤，除去啤酒中的酵母菌和微小的颗粒，再经

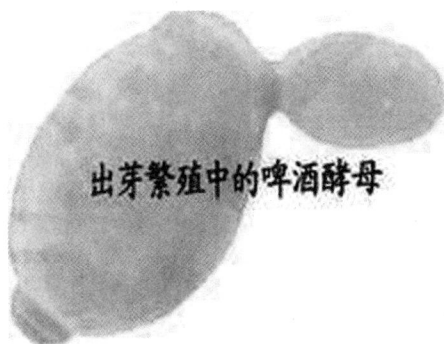

出芽繁殖中的啤酒酵母

啤酒酵母

过低温灭菌（62℃左右），冷却，啤酒就可以包装了。包装方式主要有瓶装和罐装，还有桶装等。

啤酒酵母是用以进行啤酒发酵的微生物，又分上面发酵酵母和下面发酵酵母。啤酒工厂为了确保酵母的纯度，会进行以单细胞培养法为起点的纯粹培养。为了避免野生酵母和细菌的污染，必须严格管理啤酒工厂的清洗灭菌工作。

第三章　解决能源问题的良方

人类赖以生存的基础——能源

能源是人类活动的物质基础。在当今世界，能源和环境，是全世界、全人类共同关注的问题，也是我国社会经济发展的重要问题。随着人类大量使用矿物燃料带来的环境问题日益严重，各国政府开始关心重视生物能源的开发利用。

由于石油、煤炭等目前大量使用的传统化石能源日益枯竭，根据经济学家和科学家的普遍估计，到本世纪中叶，即2050年左右，石油资源将会开采殆尽，其价格将升到很高，不适于大众化普及应用，如果新的能源体系尚未建立，能源危机将席卷全球，尤以欧美极大依赖于石油资源的发达国家受害为重。最严重的状态，莫过于工业大幅度萎缩，或甚至因为抢占剩余的石油资源而引发战争。

据统计，今天的世界人口已经突破60亿，比上个世纪末期增加了2倍多，而能源消费却增加了16倍多。无论多少人谈论"节约"和"利用太阳能"或"打更多的油井或气井"或者"发现更多更大的煤

煤炭

田"，能源的供应却始终跟不上人类对能源的需求。当前世界能源消费以化石资源为主，其中中国等少数国家是以煤炭为主，其他国家大部分则是以石油与天然气为主。根据目前的消耗量，专家预测石油、天然气最多只能维持不到半个世纪，煤炭也只能维持一、两个世纪。

"工业的血液"——石油

大庆是国人的骄傲，我们知道大庆油田的诞生，使中国石油工业从此走进了历史的新纪元，中国石油工业彻底甩掉了"贫油"的帽子，中国人民使用"洋油"的时代一去不复返。接下来和牛牛一起了解石油吧！

石油又称原油，是从地下

石油开采

深处开采的棕黑色可燃性黏稠液体。它是古代海洋或湖泊中的生物经过漫长的演化形成的混合物，与煤一样属于化石燃料。石油主要含有碳和氢两种元素，总含量平均为97%~98%，成分是多种有机物。利用石油可炼制汽油、煤油、柴油等燃料油和各种机器所需要的润滑油，可制造合成纤维、合成橡胶、塑料以及农药、化肥、炸药、医药、染料、油漆、合成洗涤剂等产品，石油产品已被广泛地应用到国民经济的各个部门。所以人们把石油称为"工业的血液"。

今天90%的运输能量是依靠石油获得的。石油运输方便、能量密度高，因此是最重要的运输驱动能源。此外它是许多工业化学产品的原料，因此它是目前世界上最重要的商品之一。在许多军事冲突（包括第二次世界大战和海湾战争）中，占据石油资源是一个重要因素。

随着能源危机日益临近，新能源已经成为今后世界上的主要能源之一。新能源包括太阳能、氢能、核能、生物质能、化学能源、风能、海洋能和地热能等。其中太阳能已经逐渐走入我们寻常的生活，风力发电偶尔可以看到或听到，可是它们作为新能源如何在实际中去应用？新能源的发展究竟会是怎样的格局？

21世纪是生物的世纪，是科学技术飞速发展的新世纪，可持续发展是当前经济发展的趋势所在。面对化石能

源的枯竭和环境的污染，生物能源的开发和利用为经济的可持续发展带来了曙光。

牛牛奇见闻

万物生存的源泉——太阳能

太阳公公露出笑脸，阳光洒在大地上给我们温暖，太阳是地球上万物生存的源泉，为什么这么说呢？

太阳每时每刻都在向地球传送着光和热，人类所需能量的绝大部分都直接或间接地来自太阳。

正是各种植物通过光合作用把太阳能转变成化学能在植物体内贮存下来。据计算，整个世界的绿色植物每天可以产生约4亿吨的蛋白质、碳水化合物和脂肪，与此同时，还能向空气中释放出近5亿吨的氧，为人和动物提供了充足的食物和氧气。煤炭、石油、天然气等化石燃料也是由古代埋在地下的动植物遗体经过漫长的地质年代形成

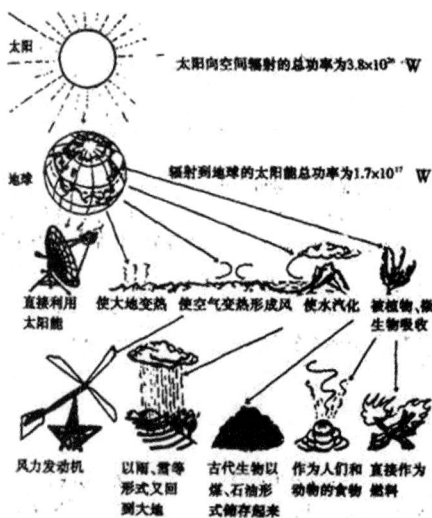

太阳能利用示意图

的，它们实质上是由古代生物固定下来的太阳能。此外，水能、风能等也都是由太阳能转换来的。

太阳能和石油、煤炭等矿物燃料不同，不会导致"温室效应"和全球性气候变化，也不会造成环境污染。正因为如此，太阳能的利用受到许多国家的重视。太阳能可以说是取之不尽、用之不竭的，又无污染，是最理想的能源。所以，我们应该充分利用太阳能，就目前来说，主要有太阳能集热、太阳能热水系统、太阳能暖房、太阳能发电等方式。

有了太阳能热水器，不需要用燃气或者电烧热水，只要有太阳就可以洗热水澡，很方便吧！你知道其中的奥秘吗？

太阳能热水器是指以太阳能作为能源进行加热的热水器，是与燃气热水器、电热水器相并列的三大热水器之一。太阳能热水

水箱

支架

集热管

太阳能热水器

器把太阳光能转化为热能，将水从低温度加热到高温度，以满足人们在生活、生产中对热水的需求。所以，只要你

家安装了太阳能热水器的话，有太阳的天气就可以很方便地使用热水，这样，既方便了生活，又就节省了燃气或电能，何乐而不为呢？

生物质能

生物质是指通过光合作用而形成的各种有机体，包括所有的动植物和微生物。而所谓生物质能，就是太阳能以化学能形式贮存在生物质中的能量形式，即以生物质为载体的能量。它直接或间接地来源于绿色植物的光合作用，可转化为常规的固态、液态和气态燃料，取之不尽、用之不竭，是一种可再生能源，同时也是唯一一种可再生的碳源。

生物质能的原始能量来源于太阳，所以从广义上讲，生物质能是太阳能的一种表现形式，地球上的生物质能资源较为丰富，而且是一种无害的能源。目前，很多国家都在积极研究和开发利用生物质能。

依据来源的不同，可以将适合于能源利用的生物质分为林业资源、农业资

麻风树（制造植物柴油的原料之一）

源、生活污水和工业有机废水、城市固体废物和畜禽粪便等五大类。

林业生物质资源是指森林生长和林业生产过程提供的生物质能源，包括薪炭林、在森林抚育和间伐作业中的零散木材、残留的枝叶和木屑等；木材采运和加

废弃的树木枝丫

工过程中的枝丫、锯末、木屑、梢头、板皮和截头等；林业副产品的废弃物，如果壳和果核等。

农业生物质能资源是指农业生产过程中的废弃物，如农作物收获时残留在农田内的农作物秸秆（玉米秸、高粱秸、麦秸、稻草、豆秸和棉秆等）；农业加工业的废弃物，如农业生产过程中剩余的稻壳等。能源植物泛指各种用以提供能源的植物，通常包括草本能源作物、油料作物、制取碳氢

稻草

化合物植物和水生植物等几类。

生活污水和工业有机废水。生活污水主要由城镇居民生活、商业和服务业的各种排水组成，如冷却水、洗浴排水、盥洗排水、洗衣排水、厨房排水、粪便污水

城市生活污水

等。工业有机废水主要是酒精、酿酒、制糖、食品、制药、造纸及屠宰等行业生产过程中排出的废水等，其中都富含有机物。

城市固体废物主要是由城镇居民生活垃圾，商业、服务业垃圾和少量建筑业垃圾等固体废物构成，其组成成分比较复杂，受当地居民的平

垃圾

均生活水平、能源消费结构、城镇建设、自然条件、传统习惯以及季节变化等因素影响。

畜禽粪便是畜禽排泄物的总称，它是其他形态生物质

（主要是粮食、农作物秸秆和牧草等）的转化形式，包括畜禽排出的粪便、尿及其与垫草的混合物。

生物燃料既有助于促进能源多样化，帮助我们摆脱对传统

牛粪

化石能源的严重依赖，还能减少温室气体排放，缓解对环境的压力。所以，它被视为替代燃料之一，对于加强能源安全有着积极的意义。中国是一个人口大国，又是一个经济迅速发展的国家，21世纪将面临经济增长和环境保护的双重压力。因此改变能源生产和消费方式，开发利用生物质能等可再生的清洁能源资源，对建立可持续的能源系统，促进国民经济发展和环境保护具有重大意义。

可燃气体——沼气

牛牛家以前煮饭都是烧煤炭或秸秆，每次都烟熏火燎，呛得很。可是如今，牛牛的妈妈只需要拧开开关就可以开火烧饭，清洁卫生，还可以随意控制火力大小。原来，牛牛家安装了沼气灶，用沼气煮饭。同学们，快和牛牛一起来了解一下沼气吧！

在千姿百态的生物世界中，存在一些人们肉眼看不见、摸不着的微生物，它们能为人类提供能源。提起微生物，往往会使人们想起它会使食物

沼气

腐烂变质，也会使人感染上各种疾病。因此，人们对它们又害怕、又憎恶。但是，在微生物的家族中，因为种类不同，它们的作用也不尽相同，有的会给人类带来灾难，有的会给人类带来幸福。微生物中，能为人类提供能量的甲烷细菌和酵母菌，它们可以生产出沼气和酒精，为人类作出贡献。说到沼气，顾名思义就是沼泽里的气体。

人们经常看到，在沼泽地、污水沟或粪池里有气泡冒出来，如果我们划着火柴，可把它点燃，这就是自然界天然发生的沼气。沼气是有机物质在厌氧条件下，经过微生物的发酵作用而生成的一种可燃气体。人畜粪便、农作物秸秆、污水等各种有机物在密闭的沼气池内，在厌氧（没有氧气）条件下发酵，即被种类繁多的沼气发酵微生物分解转化，从而产生沼气。沼气是可再生的清洁能源，既可替代秸秆、薪柴等传统生物质能源，也可替代煤炭等商品能源，而且能源效率明显高于秸秆、薪柴、煤炭等。

沼气是多种气体的混合物，一般含甲烷50～70%，其余为二氧化碳和少量的氮、氢和硫化氢等，其特性与天然气相似。空气中如含有8.6%～20.8%（按

沼气池

体积计）的沼气时，就会形成爆炸性的混合气体。沼气除直接燃烧用于炊事、烘干农副产品、供暖、照明和气焊等外，还可作内燃机的燃料以及生产甲醇、福尔马林、四氯化碳等的化工原料。经沼气装置发酵后排出的料液和沉渣，含有较丰富的营养物质，可用作肥料和饲料。

目前，世界各国已经开始将沼气用作燃料和用于照明。用沼气代替汽油、柴油，发动机器的效果也很好。将它作为农村的能源，具有许多优点。例如，修建一个平均每人1～1.5平方米的发酵池，就可以基本解决一年四季的燃柴和照明问题；人、畜的粪便以及各种作物秸秆、杂草等，通过发酵后，既产生了沼气，还可作为肥料，而且由于腐熟程度高使肥效更高；粪便等沼气原料经过发酵后，绝大部分寄生

虫卵被杀死，可以改善农村卫生条件，减少疾病的传染。现在，沼气的应用正在各国广大农村推广，沼气能源开发利用的普及等方面，已经取得了较好的成绩。

中国农业资源和环境的承载力十分有限，发展农业和农村经济，不能以消耗农业资源、牺牲农业环境为代价。农村沼气把能源建设、生态建设、环境建设、农

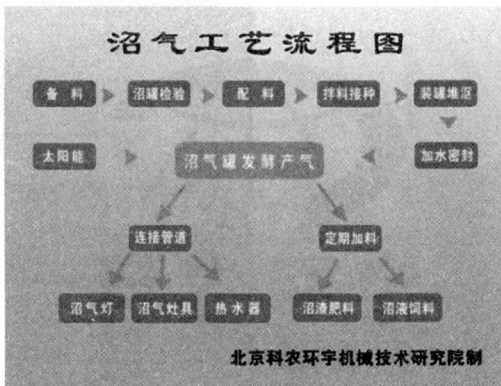

沼气工艺流程图

民增收链接起来，促进了生产发展和生活文明。发展农村沼气，优化广大农村地区能源消费结构，是中国能源战略的重要组成部分，对增加优质能源供应、缓解国家能源压力具有重大的现实意义。

细菌造油

吃饭前洗手，而且尽量不要直接用手抓食物，这是大家都知道的常识。你知道这是为什么吗？因为手很脏，有许多我们肉眼看不见的细菌，吃了容易生病。可是竟然还存在能够"制造石油"的细菌，真的很神奇啊，快和牛牛

一起来学习吧！

今天，开采的石油88%被用作燃料，其他的12%作为化工业的原料。由于石油是一种不可更新原料，许多人担心石油用尽会对人类带来不良后果。研究表明，石油的生成至少需要200万年的时间，在现今已发现的油藏中，时间最老的可达到5亿年之久。

试想一下，如果能够利用细菌"制造石油"那该多好！

细菌广泛分布于土壤和水中，或者与其他生物共生。人体身上也带有相当多的细菌。据估计，人体内及表皮上的细菌细胞总数约是人体细胞总数的十倍。有些细菌是"病原的"细菌，其含义是致病的细菌。然而，大多数类型的细菌不是致病的，而是非常有用的。

加拿大多伦多大学的魏曼教授，很早就发现了几种能够"制造石油"的细菌。在这些微生物的组织结构中，几乎80%是含油物质。在电子显微镜下，它们很像一个个的塑料口袋，里面装满了油。

魏曼把这类微生物放在一起，用二氧化碳喂养，就组成了一个"微生物产油田"，结果在实验室里制造出油，这种油很像柴油。实际上，石油也是从千奇百怪的小生物变来的。古代的水生生物埋藏在地下，经过大自然的作用变成了石油，它的主要成分是碳和氢。

科学家们发现，有不少微生物不仅会"吃"这类碳氢化合物，而且还有"积存"碳氢化合物的本领。比如，有一种叫分枝杆菌的微生物，它能够产生类似于碳氢化合物的霉菌酸，

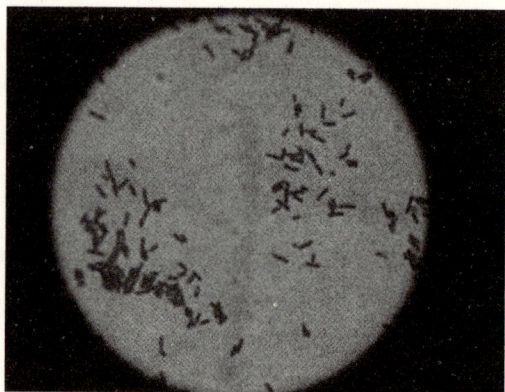

光学显微镜下的细菌

像酿酒、制酱那样，经过酶的催化作用聚合到一起，就得到了一种真正的菌造石油。根据这个原理，如果建造一个人工湖，把微生物"放养"到水里，水里溶解有足够的二氧化碳，作为它们的"食物"，用不了多久，微生物便成千成万倍地繁殖。培养出来的微生物，可以用过滤器收集，然后送到专门的工厂里去"炼油"。

让细菌造石油，只要二氧化碳供应充足，造油速度很快，两三天就能收获一次。细菌造油的人工湖和炼油厂到处可以建造，生产持续不断，风雨无阻。据说，只要掌握天时地利，每亩水面每年就能够生产3700桶原油。

变废为宝——秸秆"变成"燃料乙醇

乙醇又叫酒精，是一种重要的工业原料。提起酒精，我们并不陌生，平常喝的啤酒、烧酒中含有一定量的酒精，医院给病人打完针后用酒精消毒。那么酒精除了具有这些用途外，还有其他的功能吗？

乙醇广泛应用于食品、化工、医药等领域，而且可以部分或全部替代汽油，具有安全、清洁、可再生等优点。传统的酒精生产主要以糖蜜、薯类、谷物为原料发酵而成，而我们知道这些原料都是重要的农产品。利用现代生物技术，可以将曾经被视为无用之物的秸秆"变成"燃料乙醇，不可思议吧！

科学家们正在研究，利用自然中丰富的木头、树叶、稻草、玉米秆、麦秆等植物纤维素，运用酶工程技术，将它们转化成酒精。酒精是很好的燃料，而绿色植物每年都能再生。据计算，地球上每年大约能生产40亿吨纤维素，如果把它们转化成酒精，转化率为50%，就可以得到20亿吨酒精。这是一个多么巨大的能源库。因此可以说，酶工程技术为人类找到了取之不尽、用之不竭的新能源。

近年来，随着人口增长和经济的发展以及可利用耕地面积的减少使得酒精生产成本日趋增高，利用丰富、廉价的玉米秸秆为原料生产酒精已成

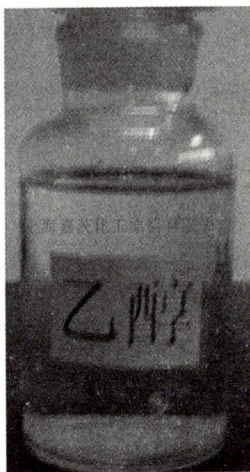

乙醇

为必然趋势。我国是一个农业大国，各种纤维素原料资源非常丰富，仅玉米秸秆年产量就有大约2亿吨。目前，玉米秸秆除了少部分被利用外，大部分以堆积、焚烧等形式直接倾入环境，极大地污染了环境，更是一种资源浪费。

如何将玉米秸秆转化为酒精呢？

玉米秸秆经过充分粉碎、汽爆、酶解（这是整个生产过程中最核心的工序），当酶解罐里糖的浓度达到一定程度后，转到发酵罐里进行发酵，最终生成酒精，再通过蒸馏提纯就可以得到成品。看似毫无用处的玉米秸秆就这样变成了可以作为燃料的酒精。这是具备了世界先进水平的酒精生产工艺。

近两年来，各大能源消费国竞先寻求替代石油的新能源。美国和欧洲不约而同地都选择了生物燃料乙醇作为主要的替代运输燃料，并制订了雄心勃勃的开发计划。

玉米秸秆

2007年1月，美国总统布什在《国情咨文》中宣称，美国计划在今后10年中将其国内的汽油消费量减少20%，其中15%通过使用替代燃料实现，计划到2017年燃料乙醇的年使用量达到1325亿升，是目前年使用量的7倍。2007年3月，欧盟27国出台了新的共同能源政策，计划到2020年实现生物燃料乙醇使用量占车用燃料的10%。

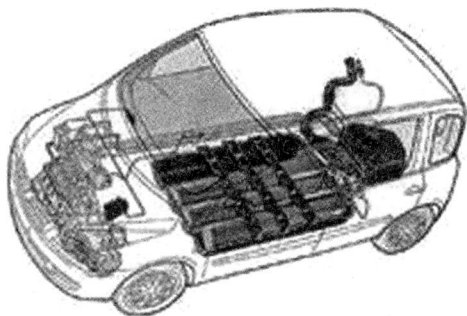

燃料乙醇汽车

中国开发生物燃料乙醇的热潮也在近两年骤然升温。2005年，中国生产燃料乙醇125万吨，2006年增长到133万吨。中国燃料乙醇的消费量已占汽油消费量的20%左右，成为继巴西、美国之后第三大生物燃料乙醇生产国和消费国。

目前工业化生产的燃料乙醇绝大多数是以粮食作物为原料的，从长远来看具有规模限制性和不可持续性。以木质纤维素为原料的第二代生物燃料乙醇是决定未来大规模替代石油的关键。目前世界上已有40多个国家，不同程度地应用乙醇汽车，有的已达到较大规模的推广，乙醇汽车的地位日益提升。

第四章 "灵丹妙药"的诞生

众所周知，生、老、病、死是人和动物的自然规律，相信同学们也都有过生病的经历。当我们生病时，身体会很不舒服，需要看医生，打针吃药之后我们又恢复了健康。是的，医药可以治疗疾病，减少痛苦，帮助我们重获健康。

"松下问童子，言师采药去。只在此山中，云深不知处。"古人做了隐士，也不忘搞点副业——采药，采的药就是我们所熟悉的中药。可见在古代，医药就引起了人们的极大关注。大家都知道，过去人们的平均寿命普遍很低，而现在人的平均寿命比过去提高了10多岁，这与现代治疗疾病的药物密不可分。

长期以来，寻求对某些疾病具有特效治疗效果的药物是人们孜孜以求的。但传统的化学合成药物筛选耗材费时，中成药的生产又难以制定统一标准。现代基因工程的崛起，为人类创造"灵丹妙药"提供了崭新的手段。跟上

牛牛的脚步，一起来了解这些"灵丹妙药"是如何造福于人类的吧！

"灵丹妙药"

朝阳产业——生物制药

生物制药就是把生物工程技术应用到药物制造领域的过程，其中最为主要的是基因工程方法。即利用克隆技术和组织培养技术，对DNA进行切割、插入、连接和重组，从而获得生物医药制品。

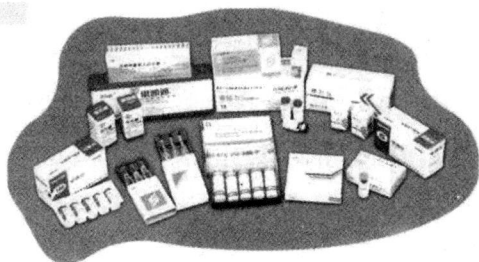
我国生产的部分基因工程药物和疫苗

目前，人类60％以上的生物技术成果集中应用于医药工业，用以开发特色新药或对传统医药进行改良，由此引起了医药工业的重大变革，生物技术制药得以迅速发展。欧、美、日各国更是争相发展医药生物技术，这不仅由于医药生物技术拥有巨大的市场和高利润的回报，更主要的是这些国家人民生活水平不断提高，人们对生活质量的要求越来越高，形成了对医药卫生、保健等技术要求越来越

高。这就造成医药生物技术成为当今最热的一个投资领域之一。

生物制药产品主要包括三大类：基因工程药物、生物疫苗和生物诊断试剂。其在诊断、预防、控制乃至消灭传染病，保护人类健康以及延长寿命等方面发挥着越来越重要的作用。

虽然我国在基因工程技术医药产品的研究开发方面起步较晚，基础较差，但经过十几年的努力，我国生物技术已取得一大批具有国际先进水平的成果。到1997年底，我国已能生产包括基因工程乙肝疫苗、干扰素、白细胞介素－2等在内的基因工程疫苗及药物15种，生物药品的产值近30亿元。目前已具生产能力的企业有三十余家。随着生物技术的不断发展，人们对新药的需求不断增加，一个以生物高新技术为主的产业，将会日益发展壮大，并逐步成为一个独立的新型产业。

基因工程技术对医药卫生领域的贡献主要有三个方面：一是解决了过去用常规方法不能生产或者生产成本特别昂贵的药品的生产技术问题，开发出了一大批新的特效药物，如胰岛素、干扰素、白细胞介素等等，这些药品可以分别用以防治诸如肿瘤、心脑肺血管、遗传性、免疫性、内分泌等严重威胁人类健康的疑难病症，而且在避免毒副作用方面明显优于传统药品；二是研制出了一些灵敏

度高、性能专一、实用性强的临床诊断新设备，如体外诊断试剂、免疫诊断试剂盒等，并找到了某些疑难病症的发病原理和崭新的医治方法；三是基因工程疫苗、菌苗的研制成功直至大规模生产为人类抵御传染病的侵袭、确保整个群体的优生优育展示了美好的前景。

生物技术正在引起医药卫生领域的一场革命。尤其是对心血管病、肿瘤、艾滋病等目前尚无药根治的重大疑难性疾病，人们希冀利用生物工程技术生产出有效的治疗药物。一些具有特异治疗作用的生物活性物质，如酶、激素、疫苗、干扰素、免疫球蛋白、生长因子等，其传统的生产工艺主要是从动物的脏器、血液或尿液中提取。但由于含量极微，资金有限，因而使高纯度的分离工艺有一定难度，而用生物基因工艺方法生产这些药物，诸多难题将迎刃而解。

许多专家认为21世纪将是生命科学的世纪。生物制药则是生物工程研究开发和应用中最活跃、进展最快的领域，生物技术领域当中已经取得的研究成果中60%以上被应用于制药领域，目前总销售额超过10亿美元的生物技术产品主要都是生物医药产品。基因药物是新世纪人类赖以防病治病的最好药物，生物医药产业将成为21世纪最具发展潜力的朝阳行业。

糖尿病的"克星"——胰岛素

糖尿病是一种血液中的葡萄糖浓度过高的疾病。我们周围可能有糖尿病患者，并且大部分为40岁以上的中老年人。我国是世界上糖尿病患者最多的国家，糖尿病因其病因复杂、并发症多、治愈率低，被称为"沉默的杀手"，可见它对人的危害很大。一旦患上"糖尿病"，将减少寿命十年之多。

糖尿病给人带来非常大的痛苦，它让人常常觉得口干想喝水，因多尿而半夜多次醒来，尽管已吃了不少食物仍有饥饿感、体重减轻、嗜睡等等。那么能不能研制出一种药物治疗糖尿病呢？经过长期的研究，科学家发现胰岛素能够有效治疗糖尿病，这为糖尿病患者带来了福音。

小知识链接

大肠杆菌是一种细菌，呈杆状。由于培养条件简单，目前大肠杆菌是应用最广泛、最成功的表达体系。

胰岛素于1921年由加拿大人班廷和贝斯特首先发现。1922年开始用于临床，使过去不治的糖尿病患者得到救治。直至80年代初，用于临床的胰岛素几乎都是从猪、牛胰脏中提取的，这种生产方法产量低。而用化学方法人工

合成胰岛素仅有科学意义而无实用价值，因为成本太高了。

现在，用基因工程的方法可使胰岛素生产不再依靠动物胰脏。美国人在1978年用大肠杆菌生产出了胰岛素，使

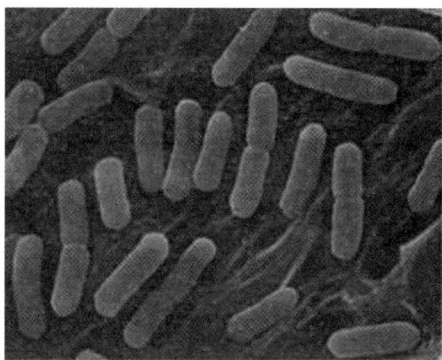

大肠杆菌

胰岛素可以工业化生产，给糖尿病患者带来了福音。

那么究竟是如何利用大肠杆菌生产出胰岛素的呢？

科学家们把人的胰岛素基因送到大肠杆菌的细胞里，让胰岛素基因和大肠杆菌的遗传物质相结合，人的胰岛素基因在大肠杆菌的细胞里指挥着大肠杆菌生产出了人的胰岛素。并随着大肠杆菌的繁殖，胰岛素基因也一代代地传了下去，这样后代的大肠杆菌也能生产胰岛素了。

人胰岛素注射液

我们知道大肠杆菌是一种细菌，其繁殖速度非常之快，将人的胰岛素基因在大肠杆菌中成功表达，自然胰岛素的产量也就很大

了，从而解决牛胰脏中提取产量低的问题，并且生产成本也不是很高。现在世界医药市场上的胰岛素，已经大半是基因工程的产品了。

除了注射胰岛素有效治疗糖尿病外，日常生活中糖尿病患者还需要注意控制自己的饮食，多运动。

人体的"保镖"——干扰素

干扰素具有抗病毒的效能，是一种治疗乙肝的有效药物。当人或动物受到某种病毒感染时，体内会产生一种物质，它会阻止或干扰人体再次受到病毒感染，故人们把此种物质称为干扰素。

干扰素是1957年英国科学家多萨克斯和林德曼在研究流感病毒干扰现象时发现的。传统生产干扰素的方法是用病毒诱导人血浆中的白细胞，产生干扰素，再分离纯化。每300L血液只能得到1mg干扰素，工艺复杂，收率低，得到的干扰素价格不但昂贵还存在着潜在的血源性病毒污染的可能性。

通常情况下人体内干扰素基因处于"睡眠"状态，因而血中一般检测不到干扰素。只有在发生病毒感染或受到干扰素诱导物的诱导时，人体内的干扰素基因才会"苏醒"，开始产生干扰素，但其数量微乎其微。即使经过诱导，从人血中提取1mg干扰素，需要人血8000ml，其成本高得惊人。

据计算：要获取1磅（453g）纯干扰素，其成本高达200亿美元，使大多数病人没有使用干扰素的能力。那么如何解决这一难题呢？设想一下，如果能让一种细菌帮我们生产出干扰素来，那岂不是件很好的事？在科学家的努力下，这一设想终于变成了现实。

1980年后，采用基因工程生产干扰素，使得生产成本大大降低。具体过程是将控制干扰素合成的基因，转移到腐生型假单胞杆菌（一种细菌）中，构建基因工程菌，再经过培养，

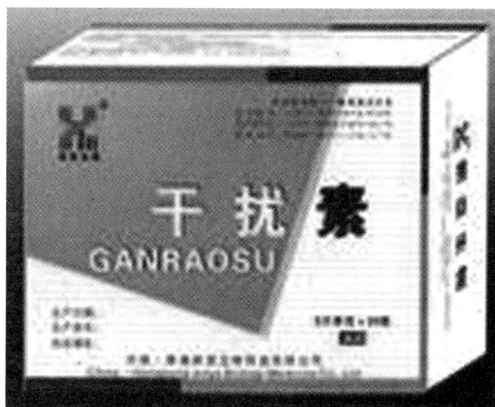

通过基因工程生产的干扰素

经分离纯化后就可以得到大量的干扰素。

基因工程生产出来的大量干扰素，是基因工程药物对人类的又一重大贡献。随着干扰素的基础与临床研究不断发展，基因工程重组干扰素的成功生产和面市，使干扰素已成为临床上治疗病毒感染性疾病和某些肿瘤的重要药物。

抗生素

当你生病的时候，医生可能会给你使用抗生素，这是因为抗生素可用于治疗感染性疾病。抗生素的发现，曾为人类与疾病的斗争做出了巨大的贡献。目前，抗生素作为治疗细菌感染性疾病的主要药

抗生素类药品

物，在世界上是应用最广、发展最快、品种最多的一类药物。

那么抗生素究竟为何物呢？我们今天来揭开它神秘的面纱！顾名思义，抗生素具有抗生的作用。很早以前，人们就发现某些微生物对另外一些微生物的生长繁殖有抑制作用，并把这种现象称为抗生。人们把由某些微生物在生活过程中产生的，对某些其他病原微生物具有抑制或杀灭作用的一类化学物质称为抗生素。如青霉菌产生的青霉素、灰色链丝菌产生的链霉素都有明显的抗菌作用。

青霉素是第一种能够治疗人类疾病的抗生素。通过数十年的完善，青霉素针剂和口服青霉素已能分别治疗肺炎、肺结核、脑膜炎、心内膜炎、白喉、炭疽等病。继青

霉素之后，链霉素、氯霉素、土霉素、四环素等抗生素不断产生，增强了人类治疗传染性疾病的能力。目前已知的天然抗生素不下万种。

"超级明星"——青霉素

我们知道身体受伤后很容易受到细菌感染，第二次世界大战期间，由于青霉素的发现和大量生产，及时抢救了许多的伤病员

青霉素发现者弗莱明在他的实验室内

的生命。青霉素的出现，当时轰动了整个世界，它犹如一颗闪亮登场的"超级明星"。让我们一起来了解这个"超级明星"吧！

青霉素又被称为盘尼西林，是抗生素的一种，它是从青霉菌培养液中提制的药物，是第一种能够治疗人类疾病的抗生素。青霉素是一种高效、低毒、临床应用广泛的重要抗生素。它的发现及应用大大增强了人类抵抗细菌性感染的能力，带动了抗生素家族的诞生。它的出现开创了用抗生素治疗疾病的新纪元。

青霉素的发现者是英国细菌学家弗莱明。1928年的一

天，弗莱明在他的一间简陋的实验室里研究导致人体发热的葡萄球菌。由于盖子没有盖好，他发觉培养细菌用的琼脂上附了一层青霉菌，这是从楼上一位研究青霉菌的学者的窗口飘落进来的。使弗莱明感到惊讶的是，在青霉菌的近旁，葡萄球菌的菌落不见了。这个偶然的发现深深吸引了他，他设法培养这种霉菌并且多次进行试验，证明青霉素可以在几小时内将葡萄球菌全部杀死。弗莱明据此发现了葡萄球菌的克星——青霉素。

图中央是青霉菌，周围是致病细菌。距青霉素最远的细菌菌落大、色浓，活力十足；距青霉菌较近的细菌菌落较小、色较浅，活力较差；而最接近青霉菌的细菌菌落最小、色发白，显然已经死亡。

1929年，弗莱明发表了学术论文，报告了他的发现，但当时未引起重视，而且青霉素的提纯问题也还没有解决。1935年，英国牛津大学生物化学家钱恩和物理学家弗罗里对弗莱明的发现大感兴趣。钱恩负责青霉菌的培养和青霉素的分离、提纯和强化，使其抗菌力提高了几千倍，弗罗里负责对动物观察试验。至此，青霉素的功效得到了证明。

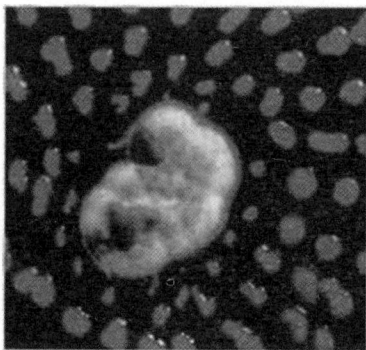

　　青霉素拯救了千百万肺炎、脑膜炎、脓肿、败血症患者的生命。为了表彰这一造福人类的贡献，弗莱明、钱恩、弗罗里于1945年共同获得诺贝尔医学和生理学奖。

　　第二次世界大战促使青霉素大量生产。1943年，已有足够青霉素治疗伤兵；1950年产量可满足全世界需求。

　　青霉素的发现与研究成功，成为医学史的一项奇迹。青霉素从临床应用开始，至今已发展为三代。

　　阿莫西林是我们很常用的一种药物，当我们呼吸道感染如气管炎、肺炎、扁桃体炎；消化道感染，如细菌性痢疾、胆囊炎、细菌性胃肠炎、伤寒病；泌尿系统感染，如膀胱炎、

阿莫西林

肾盂肾炎、细菌性前列腺炎时我们会服用阿莫西林。同学们，你知道它究竟是何种物质吗？

　　阿莫西林的本名叫羟氨苄青霉素，阿莫西林是音译。它的"祖宗"就是我们非常熟悉的青霉素。阿莫西林，又名安莫西林或安默西林，是一种最常用的青霉素类，为一种白色粉末。

　　阿莫西林消炎效果比较好，杀菌作用强，穿透细胞壁

的能力也强，是目前应用较为广泛的口服类青霉素之一，其制剂有胶囊、片剂、颗粒剂、分散片等等。

滥用抗生素的危害

目前社会上滥用抗生素的情况非常严重，已经到了凡病都吃消炎药的愚昧程度。更有人把大瓶的抗生素吊瓶看成营养液，相信它可以消除疲劳，补充体力，且认为它是退烧的万灵丹。岂不知滥用抗生素的危害有多大多深，它是日后百病丛生，如心肌炎、肾炎、高血压、糖尿病、各种肿瘤、尿毒症等大病的始作俑者！

的确，一百多年以来抗生素的发明挽救了不少人的生命，但大家看到没有，临床上总是有不少病人高热不退，不管用多大的量，或者多高级的抗生素也消灭不了病菌。而且，今天的细菌越来越有耐药性，品种越来越多，危害越来越大。比如SARS，禽流感等等。抗生素如同一把双刃剑，用之科学合理，可以为人类造福；不恰当的利用则会危害人类的健康。怎样被认为是滥用抗生素呢？

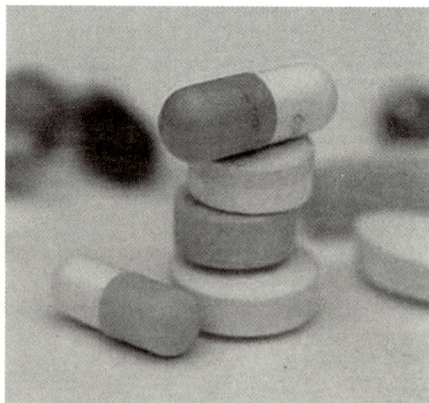

抗生素的临床应用

抗生素

有严格的界定，凡超时、超量、不对症使用或未严格规范使用抗生素，都属于抗生素滥用。

人们为了治疗疾病而应用的抗生素，同时也锻炼了细菌的耐药能力。这些细菌及微生物再次传染给其他病人的时候，就对原来应用的抗生素产生了一定的耐药性，如此反复传播，最终的某个时候，他们的后代最后对这种抗生素不再敏感。也就是说，人们过度的滥用抗生素，最终将导致人们对那些耐药的细菌及微生物束手无策，那时将是人类的悲哀。虽然人们新发现的抗生素种类也是逐渐增加的，但是总有发现赶不上滥用的步伐的时候。

当细菌和微生物被人类的抗生素锻炼成为金刚不坏之身，成为超级细菌的时候，想想那将是件多么恐怖的事情！接下来，和牛牛一起来了解这可怕的超级细菌吧。

上世纪40年代，青霉素开始被广泛使用，此后，细菌就开始对抗生素产生抗药性，这也迫使医学研究者研发出许多新的抗生素。但是抗生素的滥用和误用，也导致了许多药物无法治疗的"超级感染"，如抗药性金黄葡萄球菌感染等。医学研究者指出，每年在全世界大约有50%的抗生素被滥用，而中国这一比例甚至接近80%。在中国，印度和巴基斯坦等国，抗生素通常不需要处方就可以轻易买到，这在一定程度上导致了普通民众滥用、误用抗生素。而当地的医生在治疗病人时就不得不使用药效更强的抗生

素，这再度导致了病菌产生更强的抗药性。

正是由于药物的滥用，使病菌迅速适应了抗生素的环境，各种超级病菌相继诞生。过去一个病人用几十单位的青霉素就能活命，而相同病情，现在几百万单位的青霉素也没有效果。由于耐药菌引起的感染，抗生素无法控制，最终导致病人死亡。在上世纪60年代，全世界每年死于感染性疾病的人数约为700万，而这一数字到了本世纪初上升到2000万。死于败血症的人数上升了89%，大部分人死于超级病菌带来的用药困难。

人们致力于寻求一种战胜超级病菌的新药物，但一直没有奏效。不仅如此，随着全世界对抗生素滥用逐渐达成共识，抗生素的地位和作用在受到怀疑的同时，也遭到了严格的管理。在病菌蔓延的同时，抗生素的研究和发展却渐渐停滞下来。失去抗生素这个曾经有力的武器，人们开始从过去简陋的治病方式中重新寻找对抗疾病的灵感，以期找到一种健康和自然的疗法，用人类自身免疫来抵御超级病菌的进攻，成为许多人对疾病的新共识。

"未雨绸缪"的疫苗

同学们，你们还记得小时候在手臂上注射疫苗的情景吗？大家都知道，当我们注射过某种疫苗后，就不会再患这种病。我们每个人都注射过不止一种疫苗。那什么是疫

苗？你知道注射疫苗能起到什么作用吗？

疫苗是将病原微生物（如细菌、立克次氏体、病毒等）及其代谢产物，经过人工减毒、灭活或利用基因工程等方法制成的用于预防传染病的自动免疫制剂。由于疫苗保留了病原菌刺激动物体免疫系统的特性，当动物体接触到这种不具伤害力

儿童注射疫苗

的病原菌后，免疫系统便会产生一定的保护物质。当动物再次接触到这种病原菌时，动物体的免疫系统便会依循其原有的记忆，制造更多的保护物质来阻止病原菌的伤害。这就是当我们注射某种疫苗后可以预防患这种病的原因。

疫苗的发明可谓是人类发展史上一件具有里程碑意义的事件。因为从某种意义上来说人类繁衍生息的历史就是人类不断同疾病和自然灾害斗争的历史，控制传染性疾病最主要的手段就是预防，而接种疫苗被认为是最行之有效的措施。而事实证明也是如此，威胁人类几百年的天花病毒在牛痘疫苗出现后便被彻底消灭了，迎来了人类用疫苗迎战病毒的第一个胜利，也使人们更加坚信疫苗对控制和消灭传染性疾病的作用。

此后200年间疫苗家族不断扩大发展，目前用于人类疾病防治的疫苗有20多种，根据技术特点分为传统疫苗和新型疫苗。传统疫苗主要包括减毒活疫苗和灭活疫苗，新型疫苗则以基因疫苗为主。

乙肝疫苗

肝脏位于腹部右上方，承担着维持生命的重要功能，是人体内最大的内脏器官。我们都接种过乙肝疫苗，接种乙肝疫苗可以成功预防乙肝病毒的感染，所以新生儿一出生就要接种

儿童注射乙肝疫苗

乙肝疫苗，基本可以确保将来不得乙肝。

乙肝是一种常见的肝脏疾病，它是由乙肝病毒引起的、以肝脏炎性病变为主并可引起多器官损害的一种病。乙肝广泛流行于世界各国，主要侵犯儿童及青壮年，少数患者可转化为肝硬化或肝癌。因此，它已成为严重威胁人类健康的世界性疾病，也是我国当前流行最为广泛、危害性最严重的一种病。现在，接种乙肝疫苗是预防乙肝病毒感染的最有

效方法。那么乙肝疫苗能预防乙肝的原理是什么呢?

人体接种乙肝疫苗后可刺激免疫系统产生保护性抗体,这种抗体存在于人的体液之中,乙肝病毒一旦出现,抗体会立即作用,将其清除,阻止感染,并不会伤害肝脏,从而使人体具有了对乙肝病毒的免疫力,从而达到预防乙肝感染的目的。简单地说,乙肝疫苗其实就是制备乙肝病毒表面的某些有效蛋白,这些蛋白接种人体后,免疫细胞会产生"特异性武器"(抗体)来对抗乙肝病毒,而接种者本身不会被感染。当人体接触乙肝病毒的时候,这种早已存在于体内的"特异性武器"就会立即"开火",清除病毒,抵御感染。

基因工程乙肝疫苗是人类同乙肝斗争的产物,是现代生物技术的重大成果。目前基因工程乙肝疫苗技术已相当成熟,它优质、安全、高效,可避免因乙肝导致的对人类健康的危害和巨大的经济损失。基因工程乙肝疫苗在我国乃至世界的乙肝计划免疫中日益发挥着重要作用,成为控制乙肝流行的主要疫苗。

狂犬病疫苗

狗是我们很熟悉的一种动物,是人类忠实的朋友。俗话说:"会叫的狗不咬人",可是同学们,如果不小心被狗咬了,你知道应该采取什么措施保护自己吗?

如果被动物（如狗、猫、狼等）咬伤而又不能确定该动物是否为健康无毒动物时，应及时到医院处理伤口，或先自行用肥皂水对伤口进行反复彻底的清洗，这样可将侵入的病毒大部分冲洗掉，然后尽快到卫生防疫部门注射狂犬疫苗。注射狂犬疫苗的免疫效果与注射的时间有直接关系。咬伤后，注射越早，免疫效果越好，获得保护的机会越大。

如果不及时注射狂犬病疫苗的话，可能会患狂犬病。狂犬病是由狂犬病毒所致的自然疫源性或动物源性人畜共患急性传染病，流行性广，病死率极高。狂犬病的典型临床表现为恐水症，故狂犬病

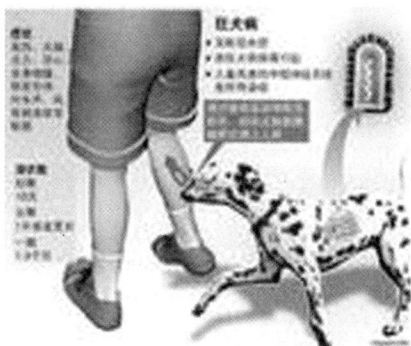

被狗咬伤

又称恐水病。初期对声、光、风等刺激敏感而喉部有发紧感，进入兴奋期可表现为极度恐怖、恐水、怕风、发作性咽肌痉挛、呼吸困难等，最后痉挛发作停止而出现各种瘫痪，会因呼吸和循环衰竭而迅速死亡。

人患狂犬病主要通过患病动物咬伤、抓伤或由粘膜感染引起，在特定的条件下还可通过呼吸道气溶胶传染。受染动物唾液内含狂犬病毒。传染动物主要是犬（超过

90%），其次是猫。

狂犬疫苗是一个历史悠久的疫苗，最早制造狂犬疫苗的是法国的巴斯德。1882年他成功地应用连续传代减弱病毒毒力的方法，用适应毒种来制造

狂犬病疫苗

疫苗。接种狂犬疫苗后，人体血液中可出现抗狂犬病毒抗体，这些抗体可防止病毒在细胞间直接传播，减少病毒的增殖量，同时还能清除游离的狂犬病毒，阻止病毒的繁殖和扩散，从而达到预防狂犬病的目的。

第五章　改造农业的生物技术

过去，我国生产力水平低下，人们的温饱问题都难以解决，而现在人们的生活水平有了很大的提高，不仅要吃饱，而且要吃好。这些巨大的改变与现代生物技术是密不可分的。众所周知，杂交水稻的广泛应用大幅度提高了水稻产量，为解决我国十几亿人口的粮食自给难题做出了不可磨灭的贡献，这是现代生物技术造福于人类的最好例证。

随着社会的发展，世界各国都逐步走"生态农业"和"现代农业"道路，建设优质、高产、低耗的农业生态系统，提高农业生产水平。要实现以上目标，必须依靠现代生物技术。接下来，就和牛牛一起学习生物技术在农林业中的应用吧！

牛牛大讲堂

转基因植物

时下最热门的话题之一，"转基因"你听过吗？不知不觉中，通过转基因方法生产的蔬菜、水果新品种已经渗透到了我们日常生活中。

通过转基因方法有可能改变植物的某些遗传特性，培育出

转基因玉米

具有高产、优质、抗病毒、抗虫、抗寒、抗旱、抗涝、抗盐碱、抗除草剂等特点的作物新品种。

植物转基因可获得更多的新品种，蔬菜、水果、花卉都能够在保留其优良品

转基因西红柿

质的情况下优化。通过利用生物技术和动植物中的特定基因，可以实现用更少的土地种植更多的作物，减少农药的使用，可以在恶劣的气候环境下生产作物，还可以改善食品的营养和口感等。

中国农业部已经批准种植的转基因农作物有：甜椒、西红柿、土豆；主粮作物有玉米、水稻。

"转基因食品"，如今已经在世界上多个国家成了环境和健康的中心议题。并且，它还在迅速分化着大众的思想阵营：赞同它的人认为科技的进步能大大提高我们的生活水平，而畏惧它的人则认为科学的实践已经走得"太快"了。

转基因食品，就是指科学家在实验室中，把动植物的基因加以改变，再制造出具备新特征的食品种类。许多人已经知道，所有生物的DNA上都有基因，它们是建构和维持生命的化学信息。通过修改基因，科学家们就能够改变一个有机体的部分或全部特征。

不过，到目前为止，这种技术仍然处于起步阶段，并且没有一种含有其他动植物基因的食物，实现了大规模的经济培植。同时许多人坚持认为，这种技术培育出来的食物是"不自然的"。

造福人类的杂交水稻

俗话说："人是铁、饭是钢，一餐不吃饿得慌。"大家都知道，以前我国水稻产量很低，人们食不果腹。尤其是1960年，我国遭受罕见的

米饭

自然灾害，发生了严重的粮食饥荒，当时一个个蜡黄脸色的水肿病患者倒下了，许多老百姓被活活地饿死。可见，粮食对人类的生存是多么的重要！

同学们，你知道我们每天吃的香喷喷的白米饭是怎么来的吗？你会说大米是水稻的种子——稻谷经脱壳、去糠等工艺加工后的最终产品吗？

水稻，是我们很熟悉的农作物，原产亚洲热带，在中国广为栽种后，逐渐传播到世界各地。世界上近一半人口，都以大米为食，因此提高水稻的产量具有重大意义。

20世纪70年代，我国农业科技界的一项重大发明——三系杂交水稻，掀开了人类水稻生产史上崭新的一页，并使我国成为世界上第一个成功培育杂交水稻并大面积应用于生产的国家。自1991年以来，我国杂交水稻种植面积已占全国水稻面积的50%以上，平均每亩增产20%左右，

产生了巨大的经济和社会效益，为解决我国的粮食自给难题作出了重大贡献。杂交水稻的问世，创造了粮食增产的神话。我国科学家袁隆平对杂交水稻的研究作出了巨大贡献，被誉为"杂交水稻之父"。

小知识链接

杂交子代在生长活力、育性和种子产量等方面都优于双亲均值的现象成为杂种优势。

那么，杂交水稻究竟是怎样的水稻，它和普通的水稻有什么区别呢？选用两个在遗传上有一定差异，同时它们的优良性状又能互补的水稻品种，进行杂交，生产具有杂种优势的第一代杂交种，用于生产，这就是杂交水稻。

杂种优势是生物界的普遍现象，利用杂种优势提高农作物产量和品质是现代农业科学的主要成就之一。杂交水稻在生长势、生活力、繁殖率、抗逆性、适应性、产量和品质诸方面比双亲优越。

水稻是典型的自花授粉作物，雌雄同花。水稻杂种优势利用，只有依靠雄性不育的特性，通过异花授粉的方式来生产大量的杂交种子的方法有多种，其中之一便是使用雄性不育系（A）、保持系（B）和雄性不育恢复系（R）来配制杂种一代。由于这种利用水稻杂种优势的方法需要不育系、保持系和恢复系配套，故称为三系法杂种优势利

用。用此法培育的杂交水稻简称为三系法杂交稻。

水稻细胞质雄性不育系（简称不育系，代号A）是指一种外部形态和普通水稻相似的特殊水稻。它的雄性器官发育不正常，花粉不育；并且这种雄性不育现象由细胞质基因所控制，自然界的大部分水稻中不存在修复这种不育性的核基因，只有少数水稻存在修复这种不育性的核基因。它的雌性器官发育正常，能接受正常花粉受精结实，是方便大量获得水稻杂交种的必备遗传工具。

水稻细胞质雄性保持系（简称保持系，代号B）是指能够保持不育系的细胞质雄性不育性的一种水稻。它的核基因型与不育系相同，但细胞质基因是正常可育的，具有可育花粉，能够自交结实繁殖。由于保持系的核基因型与不育系一样，不能够修复这种由细胞质基因所控制的不育性，因此它给不育系授粉产生的杂种也是不育的，用于繁殖不育系，即A x B→A。

水稻细胞质雄性不育恢复系（简称恢复系，代号R）是指能够修复细胞质雄性不育性的一种水稻。它具有能够恢复细胞质雄性不育性的核基因（恢复基因），与不育系杂交产生的杂种（即杂交稻）正常可育且具有杂种优势。

杂交水稻是两个遗传组成不同的水稻品种（即不育系与恢复系）杂交产生的后代（代号F1），它在产量等重要农艺性状方面优于双亲或对照品种。水稻细胞质雄性不育

系与细胞质雄性不育恢复系杂交，就产生了三系杂交稻。

中国种稻，历史最久远。60年代的矮秆育种，使我国水稻产量提高了30%，70年代培育成功的三系杂交水稻又比矮秆水稻产量提高了20%。这是我国水稻科技革命的两次重大飞跃。但80年代以来我国水稻的产量就好像停止生长的竹笋，始终处于稳定格局，亩产在450公斤左右徘徊。土地资源没有扩大，而我国的人口一天也没有停止增长，怎样才能保证我国60%以稻米为主食的人口有饭吃？90年代科学家终于发明了新的提高水稻产量、质量的方法，这就是两系法杂交水稻。

两系法杂交稻是利用光温敏不育系水稻为基本材料培育的。光温敏不育系水稻非常神奇，它的生育能力是随着光和温度的变化而达到一系两用的目标。具体地说：这种水稻在夏季长日照、高温的条件下，表现为雄性不育，这时所有正常品种都能和它生育，生产杂交种子，这种种子就是两系杂交水稻的种子。这种光温敏不育系水稻在秋季短日照、低温的条件下又变成了正常的水稻，自己繁殖自己，也就是自己接种。这种杂交水稻因为只有不育系（母本）和恢复系（父本），而不需要保持系（中间体），所以称为两系法杂交水稻。

两系稻最大的优点，就是父本、母本之间是"自由恋爱"，直到相中自己最称心的那一位，而三系稻它必须经过保持系也就是"媒人牵线","父母做主"才能结合，而不管双方品种是否优良、是否般配，所以"自由恋爱"成婚的两系稻就比"包办婚姻"的三系稻的婚姻质量更好，品质更优，产量更高。

21世纪的两系杂交水稻，具有更丰富的营养，稻米中含有维生素、铁等有利于人体健康的物质。两系杂交水稻的稻米品质优，米饭清香可口，营养价值更高。

从普通棉到抗虫棉

棉花是世界上最主要的农作物之一，产量多、生产成本低，使棉制品价格比较低廉。棉纤维能制成多种规格的织物，从轻盈透明的巴里纱到厚实的帆布和厚平绒，适于制作各类衣服、家具布和工业用布。

棉花

但是棉铃虫曾是压在农民心头的磐石，上个世纪八、九十年代，它一度疯狂地蚕食广大农民辛勤的劳动成果。在一般虫害的发生年份，棉铃虫能吃掉三分之一的棉花产量；严重发生虫害的年份则有六成的棉花葬身虫口，甚至

造成棉花绝产。在棉铃虫高发期，棉农们不得不每天背上药桶，与其"厮杀战斗"。

"棉布寸土皆有"，"织机十室必有"，明代宋应星的《天工开物》中如实记载着。自宋末元初，棉花始在内地种植，已过去700余年。而今，这历史悠久的如雪"花朵"早已搭上了高科技的快车，变身为"百毒不侵"的抗虫棉，继续履行着造福于民的重大职责。

只见过"虫吃棉"，没见过"棉吃虫"，这是大多数棉农对国产抗虫棉最初的印象。20多年过去了，正是这不被众人所接受与看好的小小棉花，带着早已融入其体内的抗虫基因，走进了千家万户，悄无声息地改善着亿万棉农的生活，更记录着一个植棉强国的快速崛起。

20世纪90年代初，我国北方棉区棉铃虫连年大暴发，全国棉花总产下降了43%左右，农民们吃尽了种棉治虫的苦头。原本在棉花种植期间只需喷洒1到3次农药就能制住的棉铃虫，那时喷药20多次依然无济于事。当气坏的棉农把害虫扔到农药原液中时，抗性变强的小虫却自得地游起泳来。据不完全统计，1992年至1996年因超量使用农药而中毒的人员多达数万人次，由于土壤环境受到严重污染，棉田几乎无法再种……棉农一度"谈虫色变"。

"自从种上了抗虫棉，总算把棉铃虫给治了，省时省力不说，单是农药钱儿，每亩地就能省上几十元。"种棉

农户说起抗虫棉的好处，兴奋之情溢于言表。牛牛开始思考，究竟是什么原因让棉花不再受棉铃虫的残害呢？

普通棉和抗虫棉

抗虫棉原理：抗虫棉之所以抗虫，是因为外源Bt基因整合到棉株体中后，可以在棉株体合成一种叫δ-内毒素的伴孢晶体，该晶体是一种蛋白质晶体，被鳞翅目等敏感昆虫的幼虫吞食后，在其肠道碱性条件和酶的作用下，或单纯在碱性条件下，伴孢晶体能水解成毒性肽，并很快发生毒性。

小知识链接

伴孢晶体是一种蛋白质晶体的毒素，对多种昆虫具有毒杀作用。

1997年外国抗虫棉进入我国，1998年我国抗虫棉95%的市场份额已为外国抗虫棉垄断。面对严酷的生产、科研和产业发展危机，国家出台了一系列加快国产抗虫棉研发

的对策，使不利局面得以扭转。2002年，国产转基因抗虫棉已占据30%的市场份额；2004年，在4800万亩抗虫棉市场份额中，国产转基因棉花种植面积3000多万亩，占市场份额的62%。2008年我国转基因抗虫棉种植面积已达5700万亩，占全国棉田面积的70%，其中国产抗虫棉已占93%以上。我国国产转基因抗虫棉累计推广面积2.5亿多亩，直接为棉农带来收益490亿元。种植转基因抗虫棉后，每年化学农药的使用量减少1万到1.5万吨，相当于我国化学杀虫剂年生产总量的7.5%左右；棉农的劳动强度和防治成本显著下降，棉农中毒事件降低了70%到80%，棉田生态环境得到明显改善。

国产转基因抗虫棉的成功研发，是我国农业科技跻身世界先进行列的一个典范，振奋了全国人民的精神，树立了科技攻坚的信心。在国产转基因抗虫棉的研发过程中形成的全国

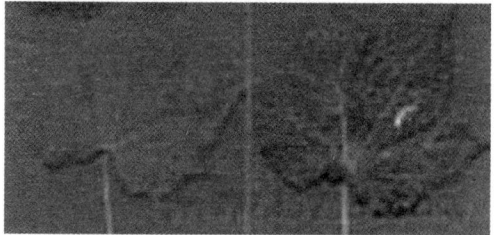

抗虫棉和普通棉的叶子

上中下游科研力量密切合作创新机制，以及促进科技型企业崛起的研发策略，对农业科技创新赶超世界先进水平，具有重要的借鉴意义。

牛牛趣味集

生物菌肥

俗话说，"庄稼一枝花，全靠肥当家"，农作物的生长主要需要氮肥。我们都知道，农作物需要施用化肥，才能长势良好、硕果累累。然而有些农作物具有"特异功能"，它们能制造化肥，自给自足，例如豆科植物，你知道这其中的奥秘吗？

大气中的分子态氮被还原成氨，这一过程叫做固氮作用。没有固氮作用，大气中的分子态氮就不能被植物吸收利用。地球上固氮作用的途径有三种：生物固氮、工业固氮（用高温、高压和化学催化的方法，将氮转化成氨）和高能固氮（如闪电等高空瞬间放电所产生的高能，可以使空气中的氮与水中的氢结合，形成氨和硝酸，氨和硝酸则由雨水带到地面）。据科学家估算，每年生物固氮的总量占地球上固氮总量的90%左右，可见，生物固氮在地球的氮循环中具有十分重要的作用。

生物固氮是指固氮微生物将大气中的氮气还原成氨的过程。固氮生物都属于个体微小的原核生物，所以，固氮生物又叫做固氮微生物。根据固氮微生物的固氮特点以及与植物的关系，可以将它们分为自生固氮微生物、共生固氮微生物和联合固氮微生物三类。

> **想一想**
>
> 同学们，生活中你知道有哪些化肥，能说出它们的名字吗？

自生固氮

自生固氮微生物在土壤或培养基中生活时，可以自行固定空气中的分子态氮，对植物没有依存关系。圆褐固氮菌为常见的自生固氮微生物。

共生固氮

共生固氮微生物只有和植物互利共生时，才能固定空气中的分子态氮。例如，与豆科植物互利共生的根瘤菌。

联合固氮

有些固氮微生物如固氮螺菌、雀稗固氮菌等，能够生活在玉米、雀稗、水稻和甘蔗等植物根内的皮层细胞之间。这些固氮微生物和共生的植物之间具有一定的专一性，但是不形成根瘤那样的特殊结构。这些微生物还能够自行固氮，它们的固氮特点介于自生固氮和共生固氮之间，这种固氮形式叫做联合固氮。

根瘤菌拌种

对豆科作物进行根瘤菌拌种，是提高豆科作物产量的一项有效措施。播种前，将豆科作物的种子沾上与该种豆科作物相适应的根瘤菌，这显然有利于该种豆科作物结瘤固氮。特别是新开垦的农田和未种植过豆科作

普通的大豆（左边）和根瘤菌拌种后的大豆（右边）

物的土壤中，根瘤菌很少，并且常常不能使豆科作物结瘤固氮，更需要进行根瘤菌拌种。对比实验表明，在其他条件相同的情况下，经过根瘤菌拌种的豆科作物，可以增产10%~20%。

豆科植物做绿肥

用豆科植物做绿肥，例如将田菁、苜蓿或紫云英等新鲜植物直接耕埋或堆沤后施用到农田中，可以明显增加土壤中氮的含量。科学家统计过，一般地说，$1hm^2$农田使用7500kg绿肥，可以增产粮食750kg。如果用新鲜的豆科植物饲养家畜，再将家畜的粪便还田，则既可以使土壤肥沃，又可以获得更多的粮食和畜产品。

生物固氮的展望

本世纪初以来全球农作物单位面积产量不断增长，在一定程度上依赖于氮素化肥的施用量不断增加。农作物依赖于施用氮素化肥所获得的增产实际上是以消耗能源和污染环境为代

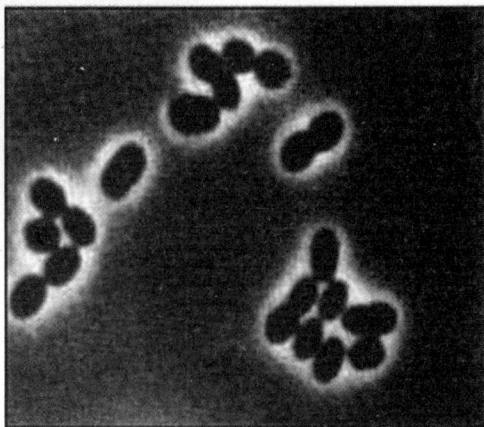

圆褐固氮菌

价所取得的。在大气中氮气含量接近80%，但这种氮气并不能直接被高等植物吸收利用。人类自从发现豆科植物与根瘤菌共生结瘤固氮现象以来对生物固氮的研究已有112年之久，我国对生物的共生固氮现象也进行了长达62年的探索性研究。人们常在设想，水稻、小麦等禾本科粮食经济作物也能像豆科植物一样有这种生物固氮的本领那该多好，这样就可以减少化肥的使用。

然而，关于生物固氮，特别是非豆科农作物的生物固氮，还有许多问题有待进一步研究。目前，生物固氮研究已经被列为"国际生物学计划"中的重点研究内容，各国政府都将其视为重点科技攻关项目。通过适当方式将生物固氮机制引入到非豆科农作物中，进而建立起非豆科农作物固氮新体系，这是农业科学研究中一项富有挑战性的研究课题。这不仅引起了农业科学家的极大兴趣，而且也受到了全社会各阶层有识之士的广泛关注。

据测算，在大气中氮素含量为$3.9×10^{15}$吨；在全球耕地内生物固氮量理论上可达到4400万吨，约相当于全世界每年生产的化肥

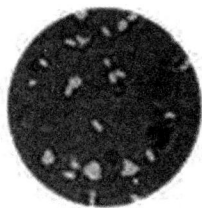

根瘤菌

总量；全球林地面积约为4.1亿公顷，其固氮总量可达到4000万吨。由于在氮素化肥生产中伴随着能源耗费和日趋严重的环境污染问题，人们逐渐认识到农林业生产完全依赖化肥终非良策，于是，生物固氮研究日益受到各国政府的重视。

通过适当方式固定大气中的游离氮素，将其转变为能参与生物体新陈代谢的氨态氮是地球上维持生产力的一个重要的生态反应。从战略上来考虑，正确的农业生产政策应该是既要增加粮食生产，又不会损害土地的持久生产力，而生物固氮正好能同时满足这两个要求。应用现代科学技术建立和完善生物固氮体系已经成为解决人类目前所面临的人口、粮食、能源和环境等问题的重要技术措施。

生物固氮研究已经引起越来越多人的关注。今后在这方面的研究主要包括基础理论和应用基础这两个方面。在基础理论研究中主要围绕着诱发非豆科作物结瘤的最佳条件和提高共生固氮效能，其中包括诱导根瘤菌侵入主要农作物共生结瘤的有效方法，提高非豆科农作物共生结瘤固氮的效能，根瘤菌导入非豆科宿主细胞的途径、共生部位和共生机理。应用基础研究中主要围绕着培育新的固氮植物，其中包括通过生物技术改造固氮微生物和现有的农作物，使新的固氮菌与农作物更容易形成共生固氮关系。

生物固氮工程的研究已经进入了一个新的历史阶段，扩大生物间共生固氮范围和将豆科植物的固氮能力转移到非豆科植物中的研究已呈现出希望之光。随着生物固氮研究的不断深入，将逐步实现禾本科农作物与固氮微生物共生结瘤固氮的美好愿望。

生物防治

同学们应该都知道，农民伯伯种植水稻、棉花和蔬菜等经常需要喷洒农药，来防止害虫的侵害。这不仅耗钱耗时，而且许多种化学农药严重污染水体、大气和土壤，并通过食物链进入人体，危害人体健康。

由于化学农药的长期使用，一些害虫已经产生很强的抗药性，许多害虫的天敌又大量被杀灭，致使一些害虫十分猖獗。聪明的人类发现了利用生物防治病虫害的方法，能有效地解决上述问题，因而具有广阔的发展前景。

据一本古书《南方草木状》的记载，在南方经常可以看到，有人手提着一种口袋上街叫卖，这种口袋是用席子做成的，口袋中放有许多树枝树叶，枝叶上挂着虫茧，虫茧看上去就像薄絮，里面裹着一种虫蚁，这种虫蚁颜色为赤黄色，比普通的蚂蚁要大一些，卖的时候连同薄絮一起卖掉。至此，你也许要问，有谁会去买这玩意呢？买它干什么呢？

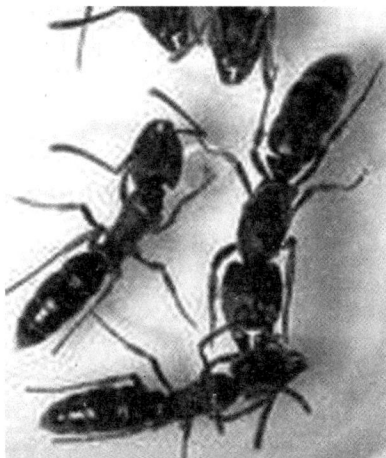

虫蚁

原来，南方盛产柑桔，柑桔树上有一种害虫，专门为害果实，买这种虫蚁就是为了防治这种柑桔害虫，如果没有这种虫蚁的话，桔子会被害虫吃得无一完好。这种利用虫蚁防治柑桔害虫的记载，就是已知最早的生物防治。

生物防治就是利用一种生物对付另外一种生物的方法。生物防治，大致可以分为以虫治虫、以鸟治虫和以菌治虫三大类。它是降低杂草和害虫等有害生物种群密度的一种方法，利用了生物物种间的相互关系，以一种或一类

生物抑制另一种或另一类生物。它的最大优点是不污染环境，是农药等非生物防治病虫害方法所不能比的。

在中国历史上，除了用虫蚁防治柑桔害虫以外，还有很多利用益鸟和青蛙防治害虫的例子。

然而对于益鸟和青蛙的利用或多或少具有一定的偶然性。于是，人们又从益鸟吃虫中得到启发，发明了养鸭治虫。明代有个名叫陈经纶的人就在一本名为《治蝗笔记》中详细地记载了自己发明养鸭治虫的经过。陈经纶是个了不起的人物，他曾从菲律宾的吕宋岛把甘薯引种到福建进行试种，以后他和他的子孙们又积极致力于在各地推广甘薯种植，甘薯成为普通大众的食粮在很大程度上要归功于陈经纶和他们一家。养鸭治蝗便是他在推广甘薯种植的过程中发明的。有一年，陈经纶在教人种甘薯时，看到天边飞来了一群蝗虫，把薯叶全给吃光了，一会儿又飞来了几十只鹭鸟，把蝗虫又给吃掉了。他从中受到启发，认为鸭和鹭的食性差不多，于是便养了几只鸭子，放在鹭鸟活动的地方，结果发现，鸭子吃起蝗虫来，比鹭鸟又多又快，于是就号召当地老百姓大量养鸭。每当春夏之间，便将鸭子赶到田地里去吃蝗虫。后来，这种方法果然成为江南地区治蝗的重要办法之一，不少的治蝗专书中也都提到了这种治蝗办法。

明清时期，养鸭不仅用来治蝗，同时还用来防治蟛蜞。蟛蜞，是螃蟹的一种，它以谷芽为食，因此，成为稻

田害虫之一。明代，珠江流域地区的人们已开始养鸭来防治螟蜮对水稻的危害。

养鸭治虫，是中国历史上利用最为广泛的一种生物防治技术，它不仅可以消灭害虫，保护庄稼，同时还能促进养殖业的发展，起到化害为利的效果，是中国生物防治史上一项了不起的发明。

牛牛奇见闻

人造种子

地球上有许多的植物，它们开花结果，繁衍生息，使得大自然呈现出勃勃生机。我们知道，参天大树是由一颗小小的种子长成的。"春种一粒粟，秋收万颗籽"，生活常识中，

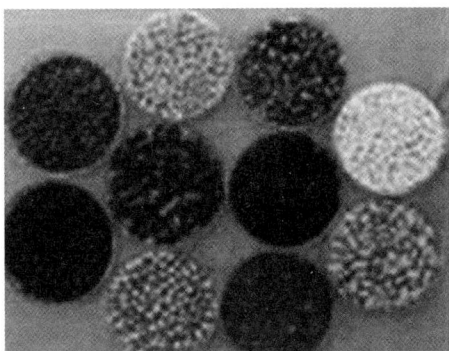

种子

人们知道播种时要选用粒大饱满的种子，这样才容易发芽生长出幼苗，可见种子的好坏对于保证丰收是极其重要的。

种子的大小、形状、颜色因种类不同而异。椰子的

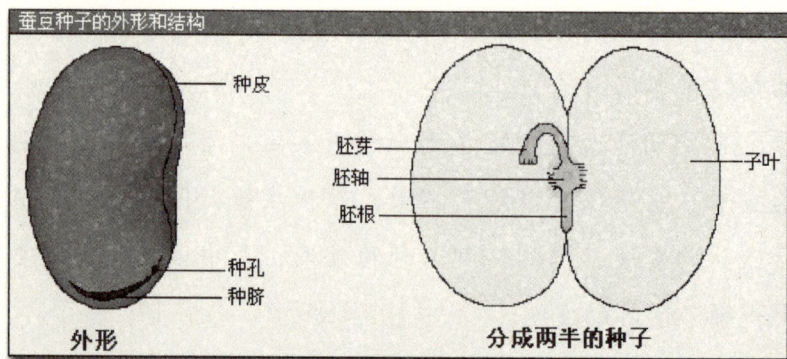

蚕豆种子的外形和结构

种子很大，油菜、芝麻的种子较小，而烟草、马齿苋、兰
科植物的种子则更小。蚕豆、菜豆为肾脏形，豌豆、龙眼
为圆球状，花生为椭圆形，瓜类的种子多为扁圆形。颜色
以褐色和黑色较多，但也有其他颜色，例如豆类种子就有
黑、红、绿、黄、白等色。种子表面有的光滑发亮，也有
的暗淡或粗糙。

我们平常见到
的种子，基本都是由
植物开花结果后产生
的，比如大豆、花
生、芝麻等的种子，
可是现在还有人造的
种子，它们是科学家
通过模拟种子的结构

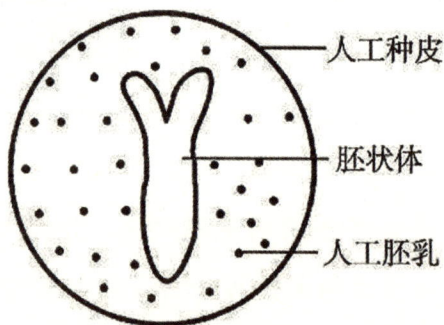

人造种子

而做出来的，跟植物正常产生的种子一样能够发芽、开花结果。在学习人造种子之前，我们先来了解一下种子的结构。

一般来说，植物的种子由种皮、胚和胚乳3个部分组成。种皮是种子的"铠甲"，起着保护种子的作用。胚是种子最重要的部分，可以发育成植物的根、茎和叶。胚乳是种子集中养料的地方，不同植物的胚乳中所含养分各不相同。

人们选种的标准总是选粒大饱满的种子，因为仓库存货多、营养丰富，有利于将来植株茁壮生长。人们经常利用杂交等方法培育优良新品种，希望农业丰收，但是这需要在田间地头长期的辛勤劳作，即使成功培育出新一代良种，也可惜遗传性能不稳定，往往第二三代又退化了，这实在是个令人伤脑筋的难题呀！

所以人们在想，能不能在实验室甚至工厂中大量培育出遗传性能稳定的优良种子呢？这似乎是"痴人说梦"的想法。但是，在今天由于生物工程的发展，这个"梦"就要实现了，这就是近年来迅速崛起的"人造种子"。

科学家发现，植物细胞有全能性，只要将植物细胞置于试管中培养，在一定条件下即可诱导分化再生成完整植株。试管植物的成功启发了人们将优良植物体的一部分经过组织培养，从而得到一种"胚样体"。它具有再生原有

植物形态的能力，这种生命力相当于种子中的胚。

人造种子结构简单，种皮由可降解的高分子材料制成，一般为双层，将人工培育成的"胚"封入这胶囊中，同时装入胚发芽需要的营养成分和激素、酶等，相当于胚乳。人造种子个头很小，状如沙粒，撒入苗床，就像天然种子一样发芽生长，从同一处植株上得到的胚体，长出众多品貌相同的后代，完全保证了丰收。

人造种子可以保证种子发芽整齐划一，对管理和收获的机械化非常有利。人造种子可以在制作的过程中用刺激细胞变异的方法，培养新品种或增强某种有用性获得高产优质的种子。人造种子还可加入天然种子没有的特殊成分，如加入固氮菌、杀虫剂和除草剂等物质。人造种子的使用可以节约大量的粮食，统计表明，我国每年种子的用量可达150亿公斤，几乎可供近1亿人一年的口粮。而人造种子一株植物的嫩芽就可制出百万粒种子，可节约大量的粮食。

"人造种子"的研究正在飞速开展，我国在开发人造种子技术上一直处于世界先进行列。在芹菜、胡萝卜、莴苣、苜蓿、油菜以及小麦、水稻等多类植物方面已获成功，实际应用已经为期不远。人造种子的前景美好，科学家深刻指出，人造种子必将引发未来的一场农业革命，其意义重大。

植物培养的新技术

牛牛和大家都知道，平常我们见到的植物是由种子发育而来的，从一颗幼苗破土而出最终长成美丽的植株。现在，科学家运用植物组织培养技术，利用植物体离体的器官（如根、茎、叶、茎尖、花、果实等）组织或细胞就能培育出完整的植株。很神奇吧，快和牛牛一起来学习吧。

19世纪30年代，德国植物学家施莱登和德

植物组织培养

愈伤组织

国动物学家施旺创立了细胞学说。根据这一学说，如果给细胞提供和生物体内一样的条件，每个细胞都应该能够独立生活。1958年，一个振奋人心的消息从美国传向世界各地，美国植物学家斯蒂瓦特等人，用胡萝卜韧皮部的细胞进行培养，最终得到了完整植株，并且这一植株能够开花结果，证实了哈伯兰特在五十多年前关于细胞全能的预言。

植物组织培养又称离体培养，是根据植物细胞具有全能性的理论，利用植物体离体的器官（如根、茎、叶、茎尖、花、果实等）、组织（如形成层、表皮、皮层、髓部细胞、胚乳等）或细胞（如大孢子、小孢子、体细胞等）以及原生质体，在无菌和适宜的人工培养基及光照、温度等条件下，能诱导出愈伤组织、不定芽、不定根，最后形成完整的植株。

植物组织培养原理：剪接植物器官或组织——经过脱分化（也叫去分化）形成愈伤组织——再经过再分化形成组织或器官——经过培养发育成一颗完整的植株。

植物的组织培养是根据植物细胞具有全能性这个理论，近几十年来发展起来的一项无性繁殖的新技术。

植物组织培养的大致过程是：在无菌条件下，将植物器官或组织（如芽、茎尖、根尖或花药）的一部分切下来，用纤维素酶与果胶酶处理以去掉细胞壁，使之露出原

生质体，然后放在适当的人工培养基上进行培养，这些器官或组织就会进行细胞分裂，形成新的组织。不过这种组织没有发生分化，只是一团薄壁细胞，叫做愈伤组织。在适合的光照、温度和一定的营养物质与激素等条件下，愈伤组织便开始分化，产生出植物的各种器官和组织，进而发育成一棵完整的植株。

植物组织培养技术具有以下特点：

1. 培养条件可以人为控制。 植物组织培养采用的植物材料完全是在人为提供的培养基和小气候环境条件下进行生长，摆脱了大自然中四季、昼夜的变化以及灾害性气候的不利影响，且条件均一，对植物生长极为有利，便于稳定地进行周年培养生产。

2. 生长周期短，繁殖率高。植物组织培养由于是人为控制培养条件，根据不同植物不同部位的不同要求而提供不同的培养条件，因此生长较快。另外，植株也比较小，往往20~30天为一个周期。所以，虽然植物组织培养需要一定设备及能源消耗，但由于植物材料能按几何级数繁殖生产，故总体来说成本低廉，且能及时提供规格一致的优质种苗或脱病毒种苗。

3. 管理方便，利于工厂化生产和自动化控制。植物组织培养是在一定的场所和环境下，人为提供一定的温度、光照、湿度、营养、激素等条件，极利于高度集约化和高

密度工厂化生产，也利于自动化控制生产。它是未来农业工厂化育苗的发展方向。它与盆栽、田间栽培等相比省去了中耕除草、浇水施肥、防治病虫等一系列繁杂劳动，可以大大节省人力、物力及田间种植所需要的土地。

无土栽培

我们生活在地球上，土地对人和动物的生存都非常重要。平常我们看到的水稻、蔬菜等大都是栽在土壤中，但是利用现代生物技术，可以改变传统土壤栽培方法，这就是无土栽培技术。你见过长在"水中"的番茄吗？

无土栽培是指不用天然土壤而用营养液浇灌的栽培方法。无土栽培与常规栽培的区别，就是不用土壤，直接用营养液来栽培植物。为了固定植

无土栽培的番茄

物，增加空气含量，大多数采用砾、沙、泥炭、蛭石、珍珠岩、岩棉、锯木屑等作为固定基质。

无土栽培的优点是可以有效地控制花卉在生长发育过程中对温度、水分、光照、养分和空气的最佳要求。由

于无土栽培花卉不用土壤，可扩大种植范围，加速花卉生长，提高花卉质量，节省肥水，节省人工操作，节省劳力和费用。无土栽培中营养液成分易于控制。而且可以随时调节，因此即使在光照、温度适宜而没有土壤的地方，如沙漠、海滩、荒岛，只要有一定量的淡水供应，便可进行。大都市的近郊和家庭也可用无土栽培法种蔬菜、花卉。无土栽培根据培养方式的不同可以分为水培、雾（气）培、基质栽培。

首先来了解一下水培，水培是指植物根系直接与营养液接触，不用基质的栽培方法。最早的水培是将植物根系浸入营养液中，这种方式会出现缺氧现象，影响根

水培

系呼吸，严重时造成料根死亡。为了解决供氧问题，英国在1973年提出了营养液膜法的水培方式。它的原理是使一层很薄的营养液（0.5~1厘米）层，不断循环流经作物根系，既保证不断供给作物水分和养分，又不断供给根系新鲜氧气。营养液膜法栽培作物，灌溉技术大大简化，不必每天计算作物需水量，营养元素均衡供给。根系与土壤隔

离，可避免各种土传病害，也无需进行土壤消毒。

什么是雾培呢？雾培又称气增或雾气培。它是将营养液压缩成气雾状而直接喷到作物的根系上，根系悬挂于容器的空间内部。通常是用聚丙烯泡沫塑料板，其上

雾培

按一定距离钻孔，于孔中栽培作物。两块泡沫板斜搭成三角形，形成空间，供液管道在三角形空间内通过，向悬垂下来的根系上喷雾。一般每间隔2~3分钟喷雾几秒钟，营养液循环利用，同时保证作物根系有充足的氧气。但此方法设备费用太高，需要消耗大量电能，且不能停电，没有缓冲的余地，目前还只限于科学研究应用，未进行大面积生产，因此最好不要用此方法。此方法栽培植物机理同水培，因此根系状况同水培。

最后来了解一下基质栽培，基质栽培是无土栽培中推广面积最大的一种方式。它是将作物的根系固定在有机或无机的基质中，通过滴灌或细流灌溉的方法，供给作物营养液。栽培基质可以装入塑料袋内，或铺于栽培沟或槽内。基质栽培的营养液是不循环的，称为开路系统，这可

以避免病害通过营养液的循环而传播。

基质栽培缓冲能力强，不存在水分、养分与供氧之间的矛盾，且设备较水培和雾培简单，甚至可不需要动力，所以投资少、成本低，在生产中普遍采用。从

基质栽培

我国现状出发，基质栽培是最有现实意义的一种方式。

第六章　生物技术安全吗？

生物技术就像一把双刃剑，它既可以造福人类，也会在使用不当时给人类带来灾难。例如用克隆技术制造出克隆人，用转基因技术制造生物武器等。面对生物技术可能产生的负面影响，公众不可避免地产生了疑虑。近年来，生物技术引发的社会争论涉及面越来越广。

随着科技的发展，现代生物技术的研究开发已经取得了很多成果。转基因食品、克隆动物等"非自然"产品展现在世人面前。我们的生活因生物技术带来的产品变得更加丰富精彩的同时，也引起了越来越多的问题。例如转基因的安全性，克隆引起伦理方面的问题。

由于科学是人为的，所以才成为我们所担心的一柄"双刃剑"。它给人类带来了繁荣幸福，又给人类带来了新的危险。自然与人为的问题，从根本上来说，是如何认识人类在自然界中位置的问题。整个人类在自然界中的位置，是自然界安排的。随着人类意识的形成，对自然认识

的拓展也随之改变。科学是把双刃剑，只有严格按照不对人与环境有害的立法规定去实践，生物技术的发展才会是健康、有序的。

转基因生物的安全性

转基因食品安全吗？

转基因食品已经进入了我们的生活，近年来，"转基因"已经不再是新鲜的话题了。在美国，有近一半的大豆、棉花，超过三分之一的玉米、油菜是转基因作物。美国的超级市场上的食物制品中，有60％含有转基因的成分。

转基因食品——土豆

转基因食品是利用新技术创造的产品，也是一种新生事物。转基因食品有较多的优点：通过转基因可增加作物单位面积产量；可以降低生产成本；可增强作物抗虫害、抗病毒等的能力；提高农产品的耐贮性，延长保鲜期，满足人民生活水平日益提高的需求；可使农作物开发的时间大为缩短；可以摆脱季节、气候的影响，四季低成本供应；可以打破物种界限，不断

培植新物种，生产出有利于人类健康的食品等。

　　带着美好的愿望预测未来，我们再也不会担心农药的危害，我们吃的食品都是新鲜的，我们的食品不会再短缺……也许糖尿病人只需每天喝一杯特殊的牛奶就可以补充胰岛素，也许我们会见到多种水果摆在药店里出售，补钙的、补铁的、治感冒的、抗病毒的……很有可能，转基因食品会让我们的明天灿烂无比。

　　然而，由转基因带来的一些问题也日益凸显。在我们未充分了解转基因食品之前，还是不要过分乐观，因为转基因食品毕竟不是自然植物，现已存在一些转基因植物打乱了生物链的案例。

　　目前发现转基因食品存在以下问题，比如毒性问题、营养问题、引起过敏反应、对抗生素的抵抗以及威胁环境。

　　一些研究学者认为，对于基因的人工提炼和添加，可能在达到某些人们想达到的效果的同时，也增加和积聚了食物中原有的微量毒素。科学家们认为外来基因会以一种人们还不甚了解的方式破坏食物中的营养成分。

　　对一种食物过敏的人有时还会对一种以前他们不过敏的食物产生过敏，比如：科学家将玉米的某一段基因加入到核桃、小麦和贝类动物的基因中，蛋白质也随基因加了进去，那么，以前吃玉米过敏的人就可能对这些核桃、小麦和贝类食品也过敏。

当科学家把一个外来基因加入到植物或细菌中去，这个基因会与别的基因连接在一起。人们在食用了这种改良食物后，食物可能会在人体内将抗药性基因传给致病的细菌，使其产生抗药性。

在许多基因改良品种中包含有从杆菌中提取出来的细菌基因，这种基因会产生一种对昆虫和害虫有毒的蛋白质。在一次实验室研究中，一种蝴蝶的幼虫在吃了含杆菌基因的马利筋属植物的花粉之后，产生了死亡或不正常发育的现象，这引起了生态学家们的另一种担心：那些不在改良范围之内的其他物种有可能成为改良物种的受害者。

最后，生物学家们担心为了培养一些更具优良特性的转基因品种，比如说具有更强的抗病虫害能力和抗旱能力等的品种，而对农作物进行的改良，其特性很可能会通过花粉等媒介传播给野生物种。对于生态系统而言，转基因食品是对特定物种进行干预，人为使之在生存环境中获得竞争优势，这必将使自然生存法则的时效性遭到破坏，引起生态平衡的变化，且基因化的生物、细菌、病毒等进入环境，保存或恢复是不可能的，其较化学或核污染后果更严重，危害更是不可逆转。

但也有科学家的试验表明转基因食品是安全的。赞同这个观点的科学家主要有以下几个理由。首先，任何一种

优　点	缺　点
①解决粮食短缺问题	①可能产生有毒蛋白或新过敏原
②减少农药使用，减少环境污染	②可能产生重组病菌、重组病毒或超级杂草
③增加食物营养，提高附加值	③可能使疾病的传播跨越物种障碍
④增加食物种类，提升食物品质	④可能会损害生物多样性
⑤提高生产效率，带动相关产业发展	⑤可能干扰生态系统的多样性

转基因食品在上市之前都进行了大量的科学试验，国家和政府有相关的法律法规进行约束，而科学家们也都抱有很严谨的治学态度。另外，传统的作物在种植的时候农民会使用农药来保证质量，而有些抗病虫的转基因食品无需喷洒农药。还有，一种食品会不会造成中毒主要是看它在人体内有没有受体和能不能被代谢掉，转化的基因是经过筛选的、作用明确的，所以转基因成分不会在人体内积累，也就不会有害。

总之，我们应该理性看待转基因生物，对待转基因生物的正确态度是趋利避害，不能因噎废食。

基因污染

玉米是墨西哥人的衣食父母，当地土著亲切地称其为"玉米妈妈"。但如今，他们惊讶地发现，"玉米妈妈的

圣洁被玷污了"。墨西哥是玉米的起源地和品种多样性集中地。5000年前，玉米首先在这里被培育成为人类的粮食。1998年，出于保护玉米遗传资源等因素的考虑，墨西哥政府

基因污染

禁止种植转基因玉米。但由于北美自由贸易协定等因素，墨西哥每年从美国进口大量转基因玉米作为食品或饲料。

2001年11月29日，美国加州大学伯克利分校环境系两位研究人员在英国《自然》杂志发表论文称：墨西哥偏僻的瓦哈卡山区的野生玉米，受到了转基因玉米DNA片断的污染。由于从美国进口的转基因玉米包装上并没有转基因标识，研究人员推测，一些不知情的农民把它们种到了地里。

转基因产品已经走进中国人的生活，与此同时，有关专家提醒说，转基因生物对环境的影响，需要社会各界更多的关注。从美国的"星联玉米事件"，加拿大的"转基因油菜超级杂草"，到墨西哥的"玉米基因污染事件"，越来越多的事实表明，"基因污染"的威胁不容忽视。

那么什么是基因污染呢？转基因作物中含有从不相关的物种转入的外源基因，这些外源基因有可能通过花粉传

授等途径扩散到其他物种，生物学家将这种过程称为"基因漂流"。环保主义者则喜欢使用"基因污染"的概念：外源基因扩散到其他物种，造成了自然界基因库的混杂或污染。例如，美国孟山都公司的转基因大豆含有矮牵牛的抗除草剂基因。

基因污染可能在以下情况发生：附近生长的野生相关植物被转基因作物授粉；邻近农田的非转基因作物被转基因作物授粉；转基因作物在自然条件下存活并发育成为野生的、杂草化的转基因植物；土壤微生物或动物肠道微生物吸收转基因作物后获得外源基因。

与其他形式的环境污染不同，植物和微生物的生长和繁殖可能使基因污染成为一种蔓延性的灾难，而更为可怕的是，基因污染是不可逆转的。

基因污染确实是基因工程的一大负面后果。但必须看到基因工程也有巨大的美好前景。动植物基因工程很可能是解决全球粮食问题的最佳选择，因此不能因噎废食。

中国大豆的前车之鉴

转基因的生物及生物制品也在悄然走进中国。作为农业大国，中国富有丰富的基因资源，更是水稻、大豆等农作物的故乡，各种各样的野生、人工选育的品种，构成了天然的庞大基因库。这些天然的基因资源一旦受到转基因的污染，其损失将无可限量。

一些专家担心，类似墨西哥"玉米妈妈"的遭遇，可能正在中国大豆身上发生。中国的大豆与墨西哥的玉米具有很多相似之处：墨西哥是玉米的起源地和品种多样性集中地，中国则是大豆的起源地和品种多样性集中地，有6000多份野生大豆品种，占全球的90%以上；墨西哥的玉米约有1/4是从美国进口的，而中国2005年进口大豆近1400万吨，数量与国产大豆持平，其中大部分是转基因大豆。

中国目前没有批准转基因大豆的商业化生产。但是，从运输到加工的过程中，也可能会有一部分转基因大豆遗落到野外或者被农民私自种植。"比如说，加工厂里面有很多农民工，他们如果喜欢进口大豆，偷偷拿一些回家去种，"中国作物学会大豆专业委员会理事长、中国农科院品质资源所研究员常汝镇说，"这样的情况是非常危险的。"

联合国《生物多样性公约》中国首席科学家、国家环保总局南京环科所研究员薛达元也指出，如果种植转基因大豆，野生大豆一旦受

大豆

到污染，中国大豆的遗传多样性可能会丧失。

中国的大豆与墨西哥的玉米也有不同之处：玉米是异花授粉的植物，而大豆是自花授粉。这意味着，中国大豆发生基因污染的可能性降低了很多。"但这不等于基因污染染在中国大豆身上就不会发生。"常汝镇说。他正在进行一个转基因大豆与野生大豆交错种植的实验，研究基因污染发生的可能性。

超级杂草

同学们都知道农田里有杂草的话会影响水稻的生长。农田杂草会与作物争夺养料、水分、阳光和空间，妨碍田间通风透光，增加局部气候温度，有些则是病虫中间寄主，促进病虫害发生；寄生性杂草直接从作物体内吸收养分，从而降低作物的产量和品质。此外，有的杂草的种子或花粉含有毒素，能使人畜中毒。我们需要使用除草剂或者用手将它除去。那么超级杂草与杂草有什么区别呢？

超级杂草指转基因植物（主要是转抗除草剂基因）本身变成杂草，或者通过花粉传

转基因油菜超级杂草

播以及受精导致某些外源基因漂入野生近缘种或近缘杂草，从而形成的耐多种除草剂具抗性的野草化杂草。超级杂草会危害作物、破坏生态平衡。

同学们，和牛牛一起来了解一下加拿大"转基因油菜超级杂草"事件吧！

具抗除草剂抗性的超级杂草

1995年，加拿大首次商业化种植了通过基因工程改造的转基因油菜。但在种植后的几年里，其农田便出现了对多种除草剂具有耐抗性的野草化的油菜植株，即超级杂草。如今，这种杂草化油菜在加拿大的草原农田里已非常普遍。因为一些转基因油菜籽在收获时掉落，留在了泥土中，来年它们又重新萌发。如果在这片田地上种下去的不是同一个物种，那么萌发出来的油菜就变成了一种不受欢迎的野草，而且这种能够同时抵御三种除草剂的野草化的油菜不但很难铲除，而且还会通过交叉传粉等方式，污染同类物种，使种质资源遭到破坏。因而农民不得不求助于对环境破坏更大的旧除草剂。

生物技术中的伦理问题

人类能不能克隆自己

　　大家都还记得《西游记》中孙悟空经常在紧要关头在自己身上拔一把猴毛变出一大群猴子这精彩的一幕吗？虽然是神话，但却是中国明代的大作家吴承恩神奇的设想，用今天的科学名词来讲就是孙悟空能迅速将自己身体的一部分克隆成自己。

　　那么什么是克隆呢？

　　1996年7月5日一只名叫"多莉"的小羊羔在苏格兰首府爱丁堡以南几英里的一个小山村诞生了，单从外表看，它与周围农场里每个夏天出

克隆羊多莉

生的、成千上万只绵羊没什么不同。但"多莉"的确与众不同，它从一只成年母羊的单一乳房细胞被克隆而来，这在生物学上曾被视为不可能，因此它一下成为全世界最著名的小羊羔。

继多莉出现后，克隆，这个以前只在科学研究领域出现的术语变得广为人知。克隆猪、克隆猴、克隆牛……纷纷问世，似乎一夜之间，克隆时代已来到人们眼前。但是，多莉的诞生也引起了人们的恐惧和疑虑——人类离自身的克隆还有多远？

在理论上，利用同样方法，人可以复制"克隆人"。2001年5月30日《南方周末》报科学版登载了一篇关于克隆人的文章，文中表达了我国的某些科学界人士支持克隆人的言论，近些年来，克隆人成为社会各界的热门话题。那么如何克隆出人来呢？

目前，克隆人的过程如下：

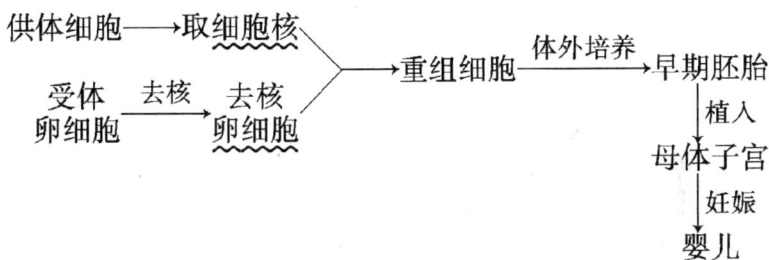

供体细胞——→取细胞核
受体 去核 去核
卵细胞 卵细胞
重组细胞——体外培养→早期胚胎
植入
母体子宫
妊娠
婴儿

牛牛幻想着，如果有一个和自己一模一样的克隆人那该多好，可以在很忙的时候帮我做事、无聊的时候陪我玩等等。

可是如果那个克隆人失去控制去做坏事，比如放火、

抢劫该咋办呢？克隆人，真的如潘多拉盒子里的魔鬼一样可怕吗？克隆人有其意义和缺点。

克隆人的好处：第一是可以让那些得不到孩子而非常痛苦的不育患者有自己的孩子。其二，这样的克隆是只用丈夫妻子自己的精子卵子，这就避免了伦理上和心理上的阴影。还有，克隆还可以挽救濒危动物，保持人群性别的合理平衡，保护少数民族遗传基因。更重要的是，克隆人可被用来研究，以比较和证明环境与遗传对人成长究竟哪一个更重要。

实际上，人们不能接受克隆人实验的最主要原因，在于传统伦理道德观念的阻碍。千百年来，人类一直遵循着有性繁殖方式，而克隆人却是实验室里的产物，是在人为操纵下制造出来的生命。尤其在西方，"抛弃了上帝，拆离了亚当与夏娃"的克隆，更是遭到了许多宗教组织的反对。而且，克隆人与被克隆人之间的关系也有悖于传统的由血缘确定亲缘的伦理方式。所有这些，都使得克隆人无法在人类传统伦理道德里找到合适的安身

之地。但是，正如中科院院士何祚庥所言："克隆人出现的伦理问题应该正视，但没有理由因此而反对科技的进步。"

按其作用，可将克隆分为治疗性克隆和生殖性克隆。治疗性克隆是指利用克隆技术产生特定细胞和组织（皮肤、神经或肌肉等）用于治疗性移植。生殖性克隆指将克隆技术用于生育目的，即用于产生人类个体。治疗性克隆的研究和完整克隆人的实验之间是相辅相成、互为促进的，治疗性克隆所指向的终点就是完整克隆人的出现，如果加以正确的利用，它们都可以而且应该为人类社会带来福音。

就克隆技术而言，"治疗性克隆"将会在生产移植器官和攻克疾病等方面获得突破，给生物技术和医学技术带来革命性的变化。比如，当你的女儿需要骨髓移植而没有人能为她提供，当你不幸失去5岁的孩子而无法摆脱痛苦，当你想养育自己的孩子又无法生育……也许你就能够体会到克隆的巨大科学价值和现实意义。

然而，克隆技术确实可能和原子能技术一样，既能造福人类，也可祸害无穷。克隆人的缺点一是血缘生育构成了社会结构和社会关系。为什么不同的国家、不同的种族几乎都反对克隆人？原因就是这是另一种生育模式。现在单亲家庭的子女教育问题备受关注，主要关注的是情感培

育问题，人的成长是在两性繁殖、双亲抚育的状态下完成的，几千年来一直如此。面对克隆人的出现，社会该如何应对，克隆人与被克隆人的关系到底该怎样确定呢？

二是身份和社会权利难以分辨。假如有一天，突然有20个儿子来分你的财产，他们的指纹、基因都一样，该咋办？难道要像汽车挂牌照一样在他们额头上刻上克隆人A0001、克隆人A0002之类的标记才能识别吗？

第三，支持克隆人的人有一个观点：解决无法生育的问题。但一个没有生育能力的人克隆的下一代还是会没有生育能力。你自认为优秀，可克隆出的人除血型、相貌、指纹、基因和你一样外，其性格、行为可能完全不同，你能保证克隆人会和你一样优秀而不误入歧途吗？一般父母能保证自己的小孩不误入歧途么？不能吧，难道他们就没有生育的权利了？小孩是否误入歧途不在于是不是克隆出来的，而在于后天环境。在克隆人研究中，如果出现异常，有缺陷的克隆人不能像克隆的动物那样随意处理掉，这也是一个麻烦。因此在目前的环境下，不仅是观念、制度，包括整个社会结构都不知道怎么来接纳克隆人。

科学从来都是一把双刃剑。但是，某项科技进步是否真正有益于人类，关键在于人类如何对待和应用它，而不能因为暂时不合情理就因噎废食。

试管婴儿

有的育龄夫妇虽然很想要孩子，但是由于身体的原因一直不能如愿。随着生物科学和医学研究的发展，对于这样的夫妇来说，终于有补救措施了——他们

世界首例试管婴儿

可以寄希望于试管婴儿技术，生育可爱的娃娃。

"试管婴儿"是让精子和卵子在试管中结合而成为受精卵，然后再把它（在体外受精的新的小生命）送回女方的子宫里（胚卵移植术），让其在子宫腔里发育成熟，与正常受孕妇女一样，怀孕到足月，正常分娩出婴儿。这一技术的产生给那些可以产生正常精子、卵子但由于某些原因却无法生育的夫妇带来了福音，现在这一技术的临床应用已在我国一些地方开展。

"试管婴儿"的成功率应该是准备接受"试管婴儿"技术治疗的人们所关注的问题。从20多年前"试管婴儿"诞生到今天，人类辅助生殖技术有了很大的发展。特别是最近的几年中，因为各项技术的成熟，包括细胞培养液的

完善，也包括医务人员经验的丰富，"试管婴儿"的成功率在世界范围内逐渐提高，从原来的20%～25%左右已经提高到60%甚至更高的水平。

但是由代理孕母生出的试管婴儿应当跟哪一位母亲一起生活呢？如果两位母亲都跟他难分难舍，怎么办？这样的难题仅靠科学技术是难以解决的。从这里你也能看出，生物科学技术在造福人类的同时，也会给人类带来一些道德和伦理方面的难题，这是应当引起大家关注的。进行试管婴儿引发了哪些伦理问题？

不符合道德的观点，一是把试管婴儿当作人体的零配件工厂，是对生命的不尊重。第二，抛弃或杀死配型不合适的胚胎，无异于"谋杀"。另外有人滥用试管婴儿技术，如设计试管婴儿技术。

借腹生子遇到的伦理难题

近年来，代孕已成为西方流行的一种生育方式。这种生育技术在一定程度上可以满足部分不孕妇女的生育欲望，我国也有不少地方已开展此技术。代孕，就是"借腹生子"，它将一对夫妇的精子与卵子在体外试管中人工受精，再进行人工培育形成胚胎，植入另一位有正常子宫的"代孕母亲"的子宫内。"代孕"技术的运用，产生了许多目前无法解决的伦理难题，如它可能人为造成多父母家

庭，如遗传母亲、孕育母亲、抚养母亲等，亲属关系将出现混乱，婴儿和家庭成员之间的关系难以确定，国外已有母亲为女儿代孕产下婴儿的事例，因此代孕的孩子可能是儿女，又可能是孙儿、孙女；还可能造成未婚单亲家庭，即单身男士或女士通过"代孕"做未婚父亲或未婚母亲。也有学者担心，如果"代孕"技术的运用形成趋势，将使生育失去必要的尊严和道德责任，从而导致人类社会赖以存在的家庭基础和社会结构瓦解，社会的组成不再以家庭为细胞，社会的延续不再以情感和道德为基础，也会导致享受服务的机会不均等，进而带来社会不公正，导致人类生态失衡、人种歧视等问题。同时，允许实施代孕技术可能出现这样的情况：某些有正常生育功能的女性，为保持体形或避免疼痛，要求医生实施"代孕"技术。这也同样涉及了伦理道德的问题。目前，这些伦理困惑带给人们的思考常常不是用一个简单的道德判断就可以解决的，它所引发的是一个在现代生育技术下，如何解决非自然生育与传统伦理之间的矛盾问题，而且这些矛盾同时也隐含了人类有没有能力解决技术导致的非自然状况。

生物技术与武器

禁止生物武器

人类在和致病微生物的搏斗中花费了巨大的人力和财力，其目的是保护人类的健康。然而，在战争狂人看来，利用传染病来摧毁被侵略地区的军事和经济力量，是一种有效而方便的手段。

生物武器标识

这些败类站在人类的对立面，无疑是人类的叛徒。在近100年来，致病微生物被用来制造生物

生物武器

武器。由于开始主要是采用致病性细菌，所以又叫细菌武器。

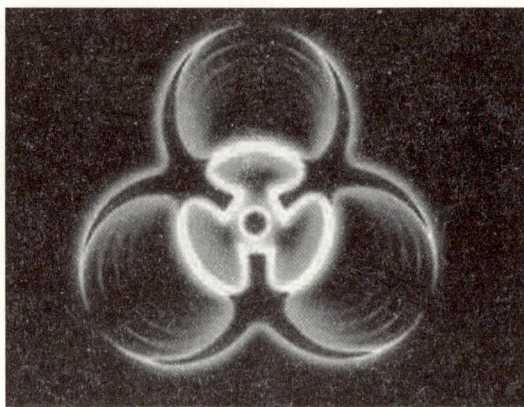

在人类战争史上，利用传染病作为攻击手段的记载很多。著名的例子是1346年鞑靼人在进攻克里米亚的战争中利用鼠疫攻进法卡城。原来鞑靼士兵中有人因感染鼠疫而死亡，他们把死者的尸体抛进法卡城里，结果鼠疫在守城者中蔓延，导致法卡城陷落。18世纪英国侵略军在加拿大用赠送天花患者的被子和手帕的办法在印第安人部落中散布天花，使印第安人不战而败，这也是殖民统治者可耻的记录。在20世纪，德国间谍将炭疽杆菌的培养物投放到协约国军队的饲料中造成战马瘟疫流行；第二次世界大战时，日本臭名昭著的731部队利用细菌武器杀害我国成千同胞，更是我们永远不能忘记的。

所谓生物武器，就是由生物制剂（例如致病细菌的培养物）和施放装置组成的一种大规模杀伤性武器。由鼠疫巴斯德氏菌引起的淋巴腺鼠疫在中世纪曾杀死了大批人，因而在敌军中散播相类似的瘟疫可以有效地摧毁敌人的战斗力并能保持工业及社会财富的相对完整性。

生物武器只能伤害人畜或植物，对无生命的生产资料、建筑物、武器没有影响，所以更符合侵略者掠夺财富的目的。生物战使用的致病微生物是传染性很强的，在适合条件下短时间即能引起瘟疫，而且作用范围很大。当然，生物武器也有缺点，首先是必须在使用前要让自己的队伍及本国人民能够获得免疫能力，而这一点是很费事

的，尤其不利于保守机密；同时使用时对自然条件要求很高，大风、强烈日光或暴雨可能使生物武器完全失效。

当前生物战剂主要有细菌、立克次氏体、衣原体、真菌和病毒，还有由细菌或真菌产生的毒素。病毒可能是更有效的武器，因为大多数细菌感染都可以被抗生素和药物所控制，而病毒则一般无药可用。病毒可以以气溶胶的形式在空气中传播从而感染范围极广，且比通过食物、水、昆虫或鼠类传播更难控制。一个中等大小的实验室在基本实验条件下就可以制造病毒，因而这种武器价格会比较便宜。在基因工程技术高度发展的今天，用人工方法制造出像艾滋病毒一样的无法对付的病原体，或者将各种抗药性基因集中到某种特定的病原菌体内，是某些战争狂人的险恶企图，我们必须给予高度警惕。

生物武器有以下特点：

1. 致病性强，传染性大。生物战剂多为烈性传染性致病微生物，少量使用即可使人患病。在缺乏防护、人员密集、平时卫生条件差的地区，其所致的疾病极易传播、蔓延。

2. 污染面积大，危害时间长。直接喷洒的生物气溶胶，可随风飘到较远的地区，杀伤范围可达数百至数千平方公里。在适当条件下，有些生物战剂存活时间长，不易被侦察发现。例如炭疽芽孢具有很强的生命力，可数十年不死，即使已经死亡多年的朽尸，也可成为传染源。

3. 传染途径多。生物战剂可通过多种途径使人感染发病，如经口食入，经呼吸道吸入，昆虫叮咬、伤口污染、皮肤接触、黏膜感染等都可造成传染。

4. 成本低。有人将生物武器形容为"廉价原子弹"。

研制基因武器

针对人类基因的差异，可能制造出专门攻击某个民族、某个种族、某种身高、某种特征的特殊基因武器。

基因武器的研究是人类自己为自己掘

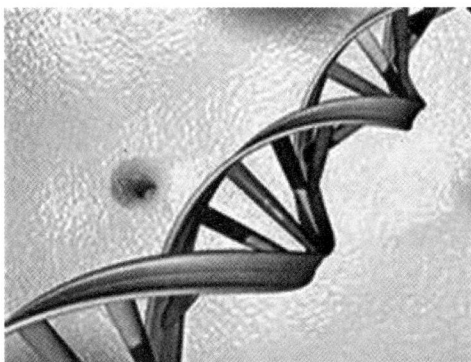

基因武器

的坟墓。某种意义上讲，它比核武器对人类的危险要大得多。核武器灭绝人类尚需一定的爆炸量，而基因武器灭绝人类则完全没有量的要求。只要有1个人感染了某种超级病毒或细菌，他可能会在没发现之前传染给更多人，或者到了无法控制的局面，最终灭绝整个人类。此外，它不需要导弹和轰炸机运载，一个间谍拿着一个瓶子就可以了。甚至一个国家遭到基因武器攻击多年，却还没有发觉，或者

发觉后也不能判断是来自哪个方向的攻击。

基因武器是在生物基因工程技术的基础上，按照某些人的设想，利用基因重组技术，在一些致病的细菌或病毒中接入能对抗普通疫苗药物的基因，或者在一些本来不致病的微生物体内注入一些致病基因，培养出杀伤危害极大的战剂，将其放入施放装置中，就构成了基因武器。

由于基因武器成本低，使用方法简单，施放手段多，杀伤力大，持续时间长，难防难治，可能产生不可制服的致病微生物，从而给人类带来灾难性的后果。因此，国外有人将基因武器称为"世界末日武器"。

正如《侏罗纪公园》的作者迈克·克里顿所说："如果你想用一颗原子弹毁灭人类，这绝非易事，但通过基因工程就变得轻而易举。"研究基因武器是人类的死亡游戏，所有关注人类命运和前途的人都应大声呼吁国际社会在死亡之路上停下愚蠢的脚步。

第七章　生物中的灵感

人类自古就想像鸟儿一样飞上蓝天，科学家认真研究了鸟类飞行的原理，终于在1903年发明了飞机。建筑师根据鸡蛋这种"薄壳结构"的特点，设计出许多既轻便又省料的建筑物，如举世闻名的悉尼歌剧院。此外，人们模仿萤火虫造出了人工冷光……

处处留心皆学问。看似平凡的大自然现象，却有无穷的奥秘等待着我们去发现、去探索。同学们，和牛牛一起用心仔细观察周围的生物吧，或许下一个发明家就是你。

牛牛大讲堂

生物的启示——"仿生学"

自古以来，自然界就是人类各种技术思想、工程原理及重大发明的源泉。种类繁多的生物经过长期的进化过程，使它们能适应环境的变化，从而得到生存和发展。劳

动创造了人类。人类以自己直立的身躯、能劳动的双手、交流情感和思想的语言，在长期的生产实践中，促进了神经系统尤其是大脑的高度发展。因此，人类无与伦比的能力和智慧远远超过生物界的所有其他类群。

人类通过劳动运用聪明的才智和灵巧的双手制造工具，从而在自然界里获得更大自由。人类的智慧不仅仅停留在观察和认识生物界上，而且还运用人类所独有的思

维和设计能力模仿生物，通过创造性的劳动增加自己的本领。鱼儿在水中有自由来去的本领，人们就模仿鱼类的形体造船，以木桨仿鳍。

相传早在大禹时期，我国古代劳动人民观察鱼在水中用尾巴的摇摆而游动、转弯，然后他们就在船尾上架置木桨。通过反复的观察、模仿和实践，逐渐改成橹和舵，增加了船的动力，掌握了使船转弯

利用木桨划船

的方法。这样，即使在波涛滚滚的江河中，人们也能让船只航行自如。

鸟儿展翅可在空中自由飞翔。据《韩非子》记载鲁班用竹木作鸟"成而飞之，三日不下"。然而人们更希望仿制鸟儿的双翅使自己也飞翔在空中。早在四百多年前，意大利人利奥那多·达·芬奇和他的助手对鸟类进行了仔细的解剖，研究鸟的身体结构并认真观察鸟类的飞行后，设计和制造了一架扑翼机，这是世界上第一架人造飞行器。

鸟

飞机

以上这些模仿生物构造和功能的发明与尝试，可以认为是人类仿生学的先驱，也是仿生学的萌芽。那么究竟什

么是仿生学呢?

仿生学是指模仿生物建造技术装置的科学,它是在上世纪中期才出现的一门新的边缘科学。仿生学研究生物体的结构、功能和工作原理,并将这些原理移植于工程技术之中,发明性能优越的仪器、装置和机器,创造新技术。

作为一门独立的学科,仿生学正式诞生于1960年9月。仿生学就是模仿生物的科学。确切地说,仿生学是研究生物系统的结构、特质、功能、能量转换、信息控制等各种优异的特征,并把它们应用到技术系统,改善已有的技术工程设备,并创造出新的工艺过程、建筑构型、自动化装置等技术系统的综合性科学。从生物学的角度来说,仿生学属于"应用生物学"的一个分支;从工程技术方面来看,仿生学根据对生物系统的研究,为设计和建造新的技术设备提供了新原理、新方法和新途径。仿生学的光荣使命就是为人类提供最可靠、最灵活、最高效、最经济的接近于生物系统的技术系统,为人类造福。

从仿生学的诞生、发展,到现在短短几十年的时间内,它的研究成果已经非常可观。仿生学的问世开辟了独特的技术发展道路,也就是向生物界索取蓝图的道路,它大大开阔了人们的眼界,显示了极强的生命力。

前景无限的仿生学

仿生学是一门模仿生物的特殊本领，利用生物的结构和功能原理来研制机械或各种新技术的科学。据传说，我国古代著名工匠鲁班，上山伐树时，被丝茅草割破了手。他觉得奇怪，一棵小草怎么会这样厉害？经过仔细观察，他发现丝茅草叶子的边缘长着许多锋利的细齿。于是鲁班发明了木工用的锯子。据推测，古代木船的发明，是从鱼类的游泳得到了启示。在发明飞机的过程中，人们也从虫、鸟的飞行中学到了许多有用的知识。

现在，科学家们正带着定向、导航、探测、能量转换、信息处理、生物合成、结构力学和流体力学等众多的科学难题，到生物界中去寻找启示和答案。

目前，对生物神经系统和感觉器官的研究和模拟，占整个仿生学研究的80%左右。今后要创造出更加完善的"人工智能机"，使它能模仿人和动物神经系统对环境的适应能力，根据环境的变化，通过"学习"改变机器的动作，完成相应的工作。

动物的定向与导航，对于研制新的航空和航海导航仪有很大的帮助。如海龟游出几兆米外，3年后仍可游回原产卵地。海龟的导航系统正在成为航天、航空、航海等研究工作的重点。

酶学仿生也是人们研究的重点。已发现某些蓝藻含

有一种不完全的光合器，可以在一定条件下产生氢气。模拟蓝藻的不完全光合器，将设计出仿生光解水的装置，从而可获得大量的氢气。氢是无污染的能源物质，利用光合作用获得氢能源，将引起动力工业的革命。

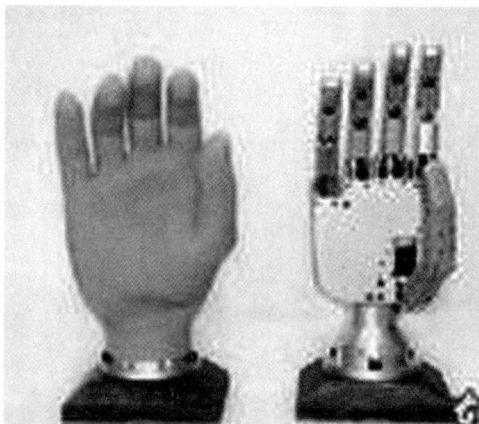

从人手到机械手

随着生产和科学技术的发展，在一些场合需要人们在有危险的环境下工作，于是，人们开始创造一种能模拟人和生物部分功能的"机器人"，用于从事危险的工作。

"机器人"有应用生物电流的技术装置——假手。假手不仅能做动作，而且能够随环境的变化而自动调整动作。

根据对人体骨骼肌肉系统和生物电控制的研究，已仿制了人力增强器——步行机。步行机有两条长腿和强有力的手臂，"头"部便是它的"脑"——操纵者。它能越过复杂的地形，行进的速度每小时可达56千米；也能拿起比较重的物件。用步行机装备部队，可使用它抬担架、运输、作战，或在崎岖的山区搬运空投物资。也可代替人负重，或在人迹罕至的原始森林中代替人开辟道路、搬运木材等。

　　早在地球上出现人类之前，各种生物已在大自然中生活了亿万年，在它们为生存而斗争的长期进化中，获得了与大自然相适应的能力。生物学的研究可以说明，生物在进化过程中形成的极其精确和完善的机制，使它们具备了适应内外环境变化的能力。

牛牛趣味集

鲁班发明锯子的故事

　　春秋战国时期，我国有一位创造发明家叫鲁班。两千多年来，他的名字和有关他的故事，一直在民间流传着，后代土、木工匠都尊称他为祖师。鲁班大约生于公元前507年，本名公输般，因为"般"与"班"同音，是春秋战国时代鲁国人，所以称之为鲁班。他主要是从事木工工作。那时人们

要使树木成为既平又光滑的木板，还没有什么好办法。鲁班在实践中留心观察，模仿生物形态，发明了许多木工工具，如锯子、刨子等。鲁班是怎样发明锯子的呢？

相传有一年夏天，鲁班家乡鲁国国王要鲁班监工营造一座宫殿，期限为3年。但是这座宫殿所需的木料，鲁班等工匠们到山上砍上3年也完不成任务。

这可急坏了鲁班，因为国王的话就是圣旨，是不允许随便更改的，如果真的是耽误了工程进度，杀头是不可避免的。鲁班愁得连觉也睡不踏实。

为了加快砍伐木料的进度，鲁班每天都要提前上山选择好要砍的树木。这天，天色刚蒙蒙亮，鲁班便迎着晨曦，踏着夜露，提前出发了。为了节省时间，鲁班便抄小路走，小路上山近，可是坡陡路滑，而且横七竖八地长满了小树、杂草，行走非常不便。

鲁班只好攀着树木、拽着茅草往上爬。忽然，脚底一滑，身体便顺着山坡往下滚去，鲁班急中生智，急忙抓住一把茅草，由于没有抓牢，反而感到手掌心疼痛无比。滑到山脚，

锯子

鲁班狼狈地爬了起来，伸开手掌一看，掌心已是鲜血淋漓。鲁班非常惊奇，为何一把茅草能够划破人的手掌？

鲁班顾不得疼痛，沿着滑下来的山坡，爬上去一看，这丛茅草与别的草似乎没有两样。鲁班不甘心，便揪下一根茅草仔细地观察起来。

这茅草的叶子很怪，叶子两边都长着锋利的小细齿，人手握紧它一拽，手掌就会被划破。鲁班又试着用茅草在他的手指上拉了一下，果然又划开一道血口。鲁班正想俯身探究其中的道理，忽然看到近处有一只大蝗虫，两枚大板牙一开一合，很快吃着草叶。鲁班把蝗虫捉住细看，发现蝗虫的大板牙上也排列着许多小细齿。

鲁班从这两件事中得到启发，心想：如果仿照茅草和蝗虫的细齿，来做一件边缘带有细齿的工具，用它来锯树，岂不比斧砍更快、更好吗？鲁班忘记疼痛，转身下山，做起试验来。在金属工匠的帮助下，鲁班做了一把带有许多细齿的铁条。鲁班将这件工具拿去锯树，果然又快又省力。鲁班给这种新发明的工具起了一个名字，叫做"锯"。

所谓"三人行，必有我师"，看似平凡的大自然现象，却有无穷的奥秘等待着我们去发现、去探索。这个故事虽然是传说，但是，我们却可以从中得到这样的启发：实践出真知，钻研出智慧。

牛牛奇见闻

从萤火虫到人工冷光

相传在晋朝时，有个名叫车胤的学生，由于家里很贫穷，每到夏天，为了省下点灯的油钱，捕捉许多萤火虫放在多孔的囊内，利用萤火虫光来看书，最后金榜题名，担任朝廷官员。

萤火虫在天黑时才开始发光，夏季在河边、池边，农田成群的萤火虫出现，将天空点亮，寂静的夜空被这些可爱的精

萤火虫

灵装饰得非常漂亮。牛牛忍不住用网兜去捕捉萤火虫，把

它们聚集在一个瓶子里面，你有没有做过同样的事情呢？

人工冷光

自从人类发明了白炽灯，生活变得方便、丰富多了。但白炽灯只能将电能的很少一部分转变成可见光，其余大部分都以热能的形式浪费掉了，而且白炽灯的热射线有害于人眼。那么，有没有只发光不发热的光源呢？人类又把目光投向了大自然。

自然界中，有许多生物都能发光，如细菌、真菌、蠕虫、软体动物、甲壳动物、昆虫和鱼类等，而且这些动物发出的光都不产生热，所以又被称为"冷光"。在众多的发光动物中，萤火虫是其中的一类。萤火虫约有1500种，它们发出的冷光的颜色有黄绿色、橙色，光的亮度也各不相同。萤火虫不仅具有很高的发光效率，而且发出的冷光一般都很柔和，很适合人类的眼睛，光的强度也比较高。因此，生物光是一种人类理想的光源。

科学家研究发现，萤火虫的发光器位于腹部。这个发光器由发光层、透明层和反射层三部分组成。发光层拥有几千个发光细胞，它们都含有荧光素和荧光酶两种物质。

在荧光酶的作用下，荧光素在细胞内水分的参与下，与氧化合便发出荧光。萤火虫的发光，实质上是把化学能转变成光能的过程。

早在20世纪40年代，人们根据对萤火虫的研究，创造了日光灯，使人类的照明光源发生了很大变化。近年来，科学家先是从萤火虫的发光器中分离出了纯荧光素，后来又分离出了荧光酶，接着，又用化学方法人工合成了荧光素。由荧光素、荧光酶、ATP（三磷酸腺苷）和水混合而成的生物光源，可在充满爆炸性瓦斯的矿井中充当照明光源。由于这种光没有电源，不会产生磁场，因而可以在生物光源的照明下，做清除磁性水雷等工作。

现在，人们已能用掺和某些化学物质的方法得到类似生物光的冷光，作为安全照明使用。

水母的顺风耳

"燕子低飞行将雨，蝉鸣雨中天放晴。"生物的行为与天气的变化有一定关系。沿海渔民都知道，生活在沿岸的鱼和水母成批地游向大海，就预示着风暴即将来临。

水母，又叫海蜇，是一种古老的腔肠动物，早在5亿年前，它就漂浮在海洋里了。这种低等动物有预测风暴的本能，每当风暴来临前，它就游向大海避难去了。原来，在蓝色的海洋上，由空气和波浪摩擦而产生的次声波（频

率为每秒8~13次），总是风暴来临的前奏曲。这种次声波人耳无法听到，小小的水母却很敏感。仿生学家发现，水母的耳朵的共振腔里长着一个细柄，柄上有个小球，球内有块小小的听石，当风暴前的次声波冲击水母耳中的听石时，听石就刺激球壁上的神经感受器，于是水母就听到了正在来临的风暴的隆隆声。

仿生学家仿照水母耳朵的结构和功能，设计了水母耳风暴预测仪，相当精确地模拟了水母感受次声波的器官。把这种仪器安装在舰船的前甲板上，当接受到风暴的次声波时，可令旋转360°的喇叭自行停止旋转，它所指的方向，就是风暴前进的方

美丽的水母

向；指示器上的读数即可告知风暴的强度。这种预测仪能提前15小时对风暴作出预报，对航海和渔业的安全都有重要意义。

电鱼与伏特电池

自然界中有许多生物都能产生电，仅仅是鱼类就有500余种。人们将这些能放电的鱼，统称为"电鱼"。各种电鱼放电的本领各不相同。

放电能力较强的有电鳐、电鲶和电鳗。中等大小的电鳐能产生70伏左右的电压，而非洲电鳐能产生的电压高达220

电鳐

伏，非洲电鲶能产生350伏的电压，电鳗能产生500伏的电压，有一种南美洲电鳗竟能产生高达880伏的电压，称得上是电击冠军，据说它能击毙像马那样的大动物。

电鳐最大的个体可以达到2米，很少在0.3米以下。背腹扁平，头和胸部在一起。尾部呈粗棒状，像团扇。电鳐栖居在海底，一对小眼长在背侧面前方的中间。在头胸部的腹面两侧各有一个肾脏形蜂窝状的发电器，它们排列成六角柱体，叫"电板"柱。电鳐身上共有2000个电板柱，有200万块"电板"。

这些电板之间充满胶质状的物质，可以起绝缘作用。每个"电板"的表面分布有神经末梢，一面为负电极，另一面则为正电极。电流的方向是从正极流到负极，也就是从电鳐的背面流到腹面。在神经脉冲的作用下，这两个放电器就能把神经能转变成为电能，放出电来。单个"电板"产生的电压很微弱，可是，由于数量很多，就能发出很强的电压来。电鳐的每一个电板，只是肌纤维的变态。发电器官是从某些鳃肌演变而来的。在演变发生过程中解除了腮肌原来的职务，而承担了新的作用——发电。

电鲶是一种能发电的鱼，生活于非洲的尼罗河，它的长相和鲶鱼非常相似，体长有1米左右，口端长有3对须，

电鲶

它没有背鳍，在尾的基部有一个很低而且平伸的脂鳍，电鲶有成对的发电器，位于背部的皮下，它的发电电压高达350伏，能将人和牲畜击昏。

电鳗是鱼类中放电能力最强的淡水鱼类，它输出的电压有300伏，有的甚至可达800伏，足以使人致命。在水中3~6米范围内，常有人触及电鳗放出的电而被击昏，

电鳗

甚至因此跌入水中而被淹死。因此，电鳗有水中的"高压线"之称。

电鳗的发电器的基本构造与电鳐相类似，也是由许多电板组成的。它的发电器分布在身体两侧的肌肉内，身体的尾端为正极，头部为负极，电流是从尾部流向头部。当电鳗的头和尾触及敌体，或受到刺激影响时，即可发生强大的电流。电鳗的放电主要是出于生存的需要。因为电鳗要捕获其他鱼类和水生生物，放电就是获取猎物的一种手段。它所释放的电量，能够轻而易举地把比它小的动物击死，有时还会击毙比它大的动物，如正在河里涉水的马和

游泳的牛也会被电鳗击昏。

电鱼放电的奥秘究竟在哪里？经过对电鱼的解剖研究，终于发现在电鱼体内有一种奇特的发电器官。这些发电器官是由许多叫电板或电盘的半透明的盘形细胞构成的。由于电鱼的种类不同，所以发电器的形状、位置、电板数都不一样。电鳗的发电器呈棱形，位于尾部脊椎两侧的肌肉中；电鳐的发电器形似扁平的肾脏，排列在身体中线两侧；电鲶的发电器起源于某种腺体，位于皮肤与肌肉之间，约有500万块电板。单个电板产生的电压很微弱，但由于电板很多，产生的电压就很大了。

电鱼这种非凡的本领，引起了人们极大的兴趣。19世纪初，意大利物理学家伏特，以电鱼发电器官为模型，设计出世界上最早的伏打电池。因为这种电池是根据电鱼的天然发电器设计的，所以把它叫做"人造电器官"。对电鱼的研究，还给人们这样的启示：如果能成功地模仿电鱼的发电器官，那么，船舶和潜水艇等的动力问题便能得到很好的解决。

军事仿生学

一直以来，动物和军事的关系就很密切，但是在现代战场上，人类往往已经不是直接利用动物参与战争，人类对动物的军事利用思想创造了军事仿生学。将动物用在军

事仿生学上的例子很多，今天，牛牛借助五个军事仿生学上的典型例子来带您一起走近这门学科。

1. 蜘蛛丝与防弹衣。

蜘蛛是一种古老的生物，已在自然界生存了4亿多年，地球上会织网的蜘蛛有2万多种。蜘蛛的丝是一种特殊品质的材料，迄今为止人类还无法生产出像它那样具有超强强度和弹性的化合物。美国科学家经过对蛛丝的深入研究，发现了蛛丝更多的奥

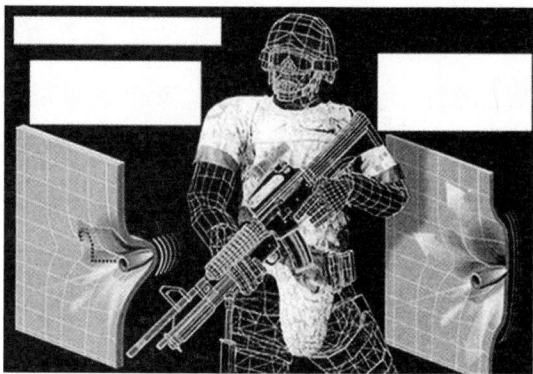

英国新型防弹衣

秘，他们认为蛛丝完全可以用来制作防弹衣。首先，蛛丝的延伸力很好，可以延伸14%，而现在世界上流行的防弹衣使用的材料延伸力不超过4%，一旦超过这个极限就会断裂。蛛丝这种极强的弹性，对于来自子弹的冲击能起到很好的缓冲作用，因此它是一种理想的防弹服装材料。蛛丝的另一大特点是它不易变脆。实验证明，蛛丝在零下50~60摄氏度的低温下才开始变脆，而现行的大多数聚合物到零下十几度时就会变脆。如果我们用蛛丝来制作降落

伞、防弹衣和其他装备，那么即使在冰点以下的环境里这些设备仍然会具有良好的弹性。

但是蜘蛛太难人工饲养了，因此科学家考虑用细菌代替蜘蛛来生产蛛丝，把蜘蛛的织丝基因剪接进细菌的基因，利用细菌的超强繁殖力就可以生产出大量的蛛丝来。还有一些科学家考虑，不使用蜘蛛，通过复制其"纺纱"技术来得到蜘蛛丝。比如从具有额外蜘蛛丝基因的转基因山羊的奶中提取出纤维，或者利用蚕等其他昆虫来产生蜘蛛的丝等。蜘蛛丝弹性好、柔软，而且穿着舒适，也许在将来的某一天，它会成为全球时装展示会上最时尚的面料。

2. 蝙蝠——雷达。

晴朗的夜空出现两个亮点，越来越近，才看清楚是一红一绿的两盏灯。接着传来了隆隆声，这是一架飞机在夜航。

在漆黑的夜里，飞机怎么能安全飞行呢？原来人们从蝙蝠身上得到了启示。

我们都知道，蝙蝠在夜里飞行，还能捕捉飞蛾和蚊子。而且无论怎么飞，从来没见过它跟什么东西相撞，即使一根极细的电线，它也能灵巧地避开。难道它的眼睛特别敏锐，能在漆黑的夜里看清楚所有的东西吗？蝙蝠具有的这种"特异功能"，吸引了科学家的目光。为了弄清

楚这个问题，一百多年前，科学家做了一次试验。在一间屋子里横七竖八地拉了许多绳子，绳子上系着许多铃铛。他们把蝙蝠的眼睛蒙上，让它在屋子里飞。蝙蝠飞了几个钟头，铃铛一个也没响，那么多的绳子，它一根也没碰着。

科学家又做了两次试验。一次把蝙蝠的耳朵塞上，一次把蝙蝠的嘴封住，让它在屋子里飞。蝙蝠像没头苍蝇似的到处乱

蝙蝠的回声定位

撞，挂在绳子上的铃铛响个不停。三次不同的试验证明，蝙蝠夜里飞行，靠的不是眼睛，它是用嘴和耳朵配合起来探路的。

科学家经过反复研究，终于揭开了蝙蝠能在夜里飞

行的秘密。原来它一边飞，一边从嘴里发出一种声音，这种声音叫做超声波。超声波，人的耳朵是听不见的，蝙蝠的耳朵却能听

解放军雷达搜索空情

见。超声波像波浪一样向前推进，遇到障碍物就反射回来，传到蝙蝠的耳朵里，蝙蝠就立刻改变飞行的方向。

蝙蝠能够在黑暗狭窄的山洞里自由飞行、避免碰撞，是因为蝙蝠自身就携带了一种天然"雷达"。蝙蝠飞行时发出一种频率极高的声波，这种声波碰到障碍物会反射回来，它的耳膜就能分辨障碍物的方位距离。每只蝙蝠都有其固有的频率，彼此可分清各自的声音，不会相互干扰。

雷达也是这样。工作时，雷达天线把发射机提供的电磁能量向空间某一方向辐射，遇到目标时电磁波就会反射回来，并在屏幕上显示出来。因此，雷达不仅能确定目标的存在，而且还能指出目标的方位和距离。

3. 苍蝇与宇宙飞船。

苍蝇是声名狼藉的"逐臭之夫"，凡是腥臭污秽的地方，都有它们的踪迹。苍蝇不仅很脏，而且还会传播细菌

和病毒，但它可为航天事业立下了汗马功劳。

令人讨厌的苍蝇和宏伟的航天事业，似乎是风马牛不相及，但科学家注意到声名狼藉的"逐臭之夫"——苍蝇，却有着惊人的嗅觉：它们能在很远的地方发现微乎其微的气味。苍蝇的嗅觉感受器分布在触角上，每个感受器是一个小腔，它与外界相通，含有感觉神经元的嗅觉杆突入其中。由于每个小腔内都有上百个神经元，所以这种感受器非常灵敏。用各种化学物质的蒸气作用于苍蝇的触角，从头部神经节引导生物电位时，可记录到不同气味的物质产出的电信号，并能测量出神经脉冲的振幅和频率。认识了苍蝇嗅觉器官的奥秘之后，科学家们得到了启发，他们利用

宇宙飞船和宇航员

"奋进号"宇宙飞船
在国际空间站上对接

苍蝇

苍蝇嗅觉灵敏、快速的特性，仿制成了十分灵敏的小型气体分析仪。这种仪器现已装置在航天飞船的座舱内，正为揭示宇宙奥秘而工作。小型气体分析仪也可用来测量潜水艇和矿井里的有毒气体，以便及时发出警报。

4. 老鹰——电子鹰眼。

老鹰眼睛的敏锐度在鸟类中名列第一，是人眼的8倍，而且视野非常开阔，双视的视角可达320°。翱翔于2000米高空的老鹰，仍能发现地面上的黄鼠这样小的目标。

战鹰掠空

科学家根据鹰眼的构造和视觉原理，研制出类似鹰眼的搜索和探测系统，即"电子鹰眼"这一先进仪器，不仅能使飞行员的视野得以扩大、视敏度得以提高，而且还能提高地质勘探、海洋救生等多项工作的效率。

5. 海豚——潜艇皮肤、光声呐系统。

海豚是人类的朋友，它们十分乐意与人交往亲近。提起海豚，人们都听说它拥有超常的智慧和能力。在水族馆里，海豚能够按照训练师的指示，表演各种美妙的跳跃动

作，似乎能了解人类所传递的信息，并采取行动，人们不禁惊叹这美丽的海洋动物是如此的聪明。

海豚

就所有表面的数据看来，海豚是无法达到40节/小时的速度的。克雷默经过研究后得出结论，秘密就隐藏在海豚的皮肤中。因为海豚皮肤的特殊构造，它是极度有弹力的。在海豚游动的时候皮肤会发生震动，减少了游动带来的"乱流"和摩擦。也就是说，海豚在自己周围创造了一个小小的真空环境，这个小环境减少了摩擦带来的阻力。一名德国科学家协助马克思·克雷默研制了一种合成的"海豚皮肤"，包裹在潜艇、舰艇、鱼雷和高速飞机身上，由此提高前进速度。

通过一个极度复杂的、比人工声呐系统更成熟的系统，海豚即使被蒙上眼睛也可以找到一个小如铅弹的目标，分辨出两

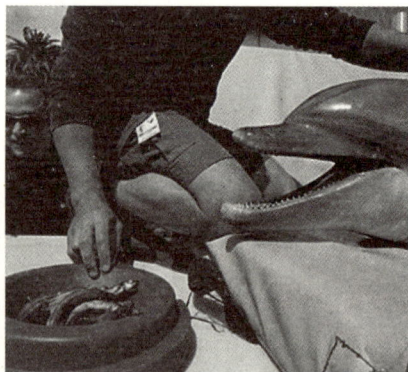

美国海军喂养海豚

块金属之间的不同。海豚发出数以千计的轻微的滴答声，连在一起，像是生锈的铰链发出的声音。这种声音从目标上反弹回到海豚那，它就可以知道目标离自己有多远、目标有多大、甚至目标是什么。在水里，人类是无法分辨出声音发出的方向的，但是海豚可以。海豚的耳朵是隔热的，头部的"声音窗口"就像立体声音响接收系统一样，无论距离长短都能使用。通过解密这种系统的神秘之处，海军希望能提高自己的声呐系统。

图书在版编目（CIP）数据

鬼斧神工/姚宝骏，郭启祥主编. −南昌：百花洲文艺出版社，2012.2
（自然科学新启发丛书）
ISBN 978-7-5500-0310-1

Ⅰ．①鬼… Ⅱ．①姚…②郭… Ⅲ．①生物工程−青年读物
②生物工程−少年读物 Ⅳ．①Q81-49

中国版本图书馆CIP数据核字（2012）第029991号

鬼斧神工

主　编　姚宝骏　郭启祥
本册主编　左志凤

出 版 人　姚雪雪
责任编辑　毛军英　张　佳
美术编辑　彭　威
制　　作　张诗思
出版发行　百花洲文艺出版社
社　　址　南昌市阳明路310号
邮　　编　330008
经　　销　全国新华书店
印　　刷　江西新华印刷集团有限公司
开　　本　787mm×1092mm　1/16　印张　11
版　　次　2012年3月第1版第1次印刷
字　　数　120千字
书　　号　ISBN 978-7-5500-0310-1
定　　价　18.70元

赣版权登字 −05−2012−27
邮购联系　0791−86894736
网　　址　http://www.bhzwy.com
图书若有印装错误，影响阅读，可向承印厂联系调换。